计算机应用专业系列教材

组网与网络管理技术实验

陈　平　邱劲松　编

中央广播电视大学出版社

北　京

图书在版编目（CIP）数据

组网与网络管理技术实验/陈平，邱劲松编 .－北京：中央广播电视大学出版社，2001.2

ISBN 978－7－304－01981－5

Ⅰ.组… Ⅱ.①陈… ②邱… Ⅲ.计算机网络-电视大学-教材 Ⅳ.TP393

中国版本图书馆 CIP 数据核字（2001）第 06055 号

计算机应用专业系列教材

组网与网络管理技术实验

陈　平　邱劲松　编

出版·发行：中央广播电视大学出版社

电话：发行部：010－58840200　　总编室：010－68182524

网址：http://www.crtvup.com.cn

地址：北京市海淀区西四环中路 45 号

邮编：100039

经销：新华书店北京发行所

策划编辑：何勇军

印刷：北京集惠印刷有限责任公司　　**印数：**60501～66500

版本：2001 年 1 月第 1 版　　2010 年 5 月第 9 次印刷

开本：787×1092　1/16　　**印张：**7　　**字数：**172 千字

书号：ISBN 978－7－304－01981－5

定价：12.00 元

（如有缺页或倒装，本社负责退换）

前　言

本书是按照中央广播电视大学“组网与网络管理技术”课程教学大纲的要求而编写的实验教材。针对电视大学教学实验的特点，我们根据实际情况，适当降低了实验中对硬件、软件的要求。整个实验以实际应用为主，内容的编写力求简明、扼要，并增加了许多图解。所以本书不但可作为电视大学教学实验教材，亦可作为其他大专院校计算机专业的“组网与网络管理技术”课程教学的参考书。

本书共九个试验，即：

实验一：了解组网的传输物理介质及接口

实验二：组网实践一　网络规划

实验三：组网实践二　简单的局域网连接

实验四：网络互连实验一　局域网互连

实验五：网络互连实验二　路由器配置

实验六：网络互连实验三　局域网的远程访问

实验七：网络互连实验四　通过代理服务器实现网络连接

实验八：网络管理系统参观

实验九：网络管理实验　感受网管系统的基本功能

本书由浙江大学陈平、邱劲松编。陈平编写了实验一、二、八、九。邱劲松编写了实验三、四、五、六、七。中央电大责任教师何晓新对全书进行了统稿。北京邮电大学魏伯丛教授担任主审。钱华君、熊刚、毛顿、周升连等同志为本书的编写提供了许多重要资料。

由于我们水平有限，加上时间紧迫，虽然我们尽量仔细，但还是可能存在错误和不足，恳请读者批评指正。

编　者

2001 年 1 月

目 录

实验一　了解组网的传输介质及接口

1.1　实验目的

通过参观实际的网络，了解组网所用的传输介质，建立起通信信道的简单概念。

1.2　实验要求

组织参观当地的一些有使用价值的局域网、校园网、广域网，注意了解他们使用的传输介质，注意了解目前比较先进的通信信道，如卫星传输、光纤网络、ATM 网络等。

1.3　实验步骤

1. 观察该网络的各个组成部分，特别注意观察网络的拓扑结构、物理介质和接口。
2. 画出该网络简单的结构图。
3. 了解该网络的用途、网络建成的运行情况。然后讨论一下这些组网工作是否合理，该网络的性价比如何，网络是否还有扩充的余地，网络建设的成败在什么地方。

1.4　实验报告

1. 讨论各种传输介质的特点。
2. 给出信道的概念。
3. 写出所参观的网络实际使用的传输介质、接口类型，并指出它们各适用在什么场合。

1.5　实验相关知识

1.5.1　拓扑结构

最常见的局域网（LAN）的拓扑结构有以下几种(图 1-1)。

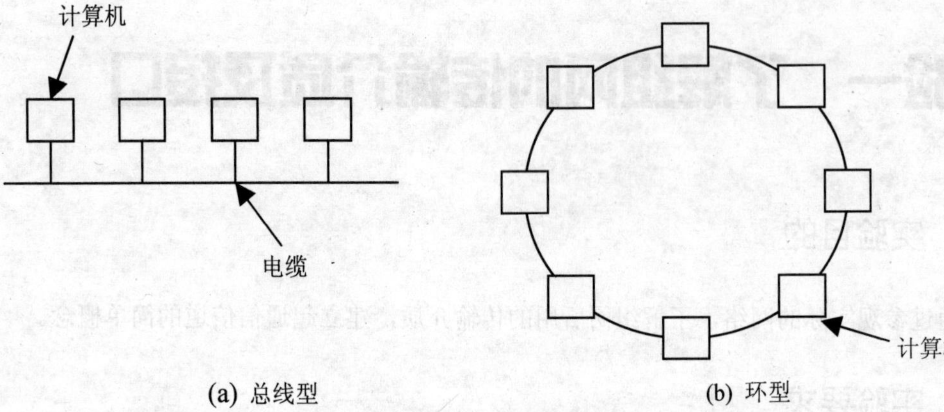

图 1-1　两种常见的拓扑结构

一个典型的城域网（MAN）是分布式队列双总线 DQDB（distributed queue dual bus）。也就是 802.6（IEEE 标准号）。DQDB 由两条单向总线（电缆）组成，所有的计算机都连接在上面。如图 1-2 所示。每条总线都有端点（head-end），这是一个启动传输活动的设备。目的计算机在发送者右方时使用上方的总线。反之，则使用下方的总线。

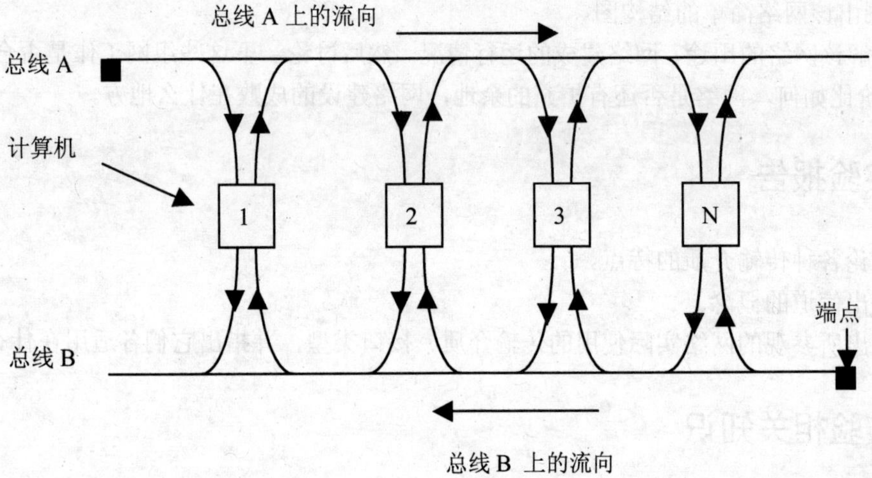

图 1-2　DQDB 城域网的结构

几个不同地区的局域网或单机相互连接构成一个广域网（WAN），往往是借用公共传输/通信网络实现的。例如，两个不同地区的 NOVELL 微机局域网，可以租用公共电话网(PSTN)，经过两个局域网中的桥与调制解调器（MODEM）把两个局域网构成一个广域网。我国普及的中国分组交换公用数据网（CHINAPAC）为众多微机局域网组成广域网提供了良好的基础。广域网的拓扑结构一般为点对点形式。

1.5.2 传输介质及接口

一、双绞线(TP：Twisted Pairwire)

双绞线是综合布线工程中最常用的一种传输介质。双绞线由两根具有绝缘保护层的铜导线组成。把两根绝缘的铜导线按一定密度互相绞在一起，可降低信号干扰的程度，每一根导线在传输中辐射的电波会被另一根线上发出的电波抵消。双绞线一般由两根 22～26 号绝缘铜导线相互缠绕而成。如果把一对或多对双绞线放在一个绝缘套管中便成了双绞线电缆。在双绞线电缆(也称双扭线电缆)内，不同线对具有不同的扭绞长度，一般地说，扭绞长度在 38.1cm 至 14cm 内，按逆时针方向扭绞,相邻线对的扭绞长度在 12.7cm 以上。与其他传输介质相比，双绞线在传输距离、信道宽度和数据传输速度等方面均受到一定限制，但价格较为低廉。目前，双绞线可分为非屏蔽双绞线(UTP,Unsheilded Twisted Pair)和屏蔽双绞线(STP,Shielded Twisted Pair)。

虽然双绞线主要是用来传输模拟声音信息的，但同样适用于数字信号的传输，特别适用于较短距离的信息传输。在传输期间,信号的衰减比较大，并且产生波形畸变。采用双绞线的局域网的带宽取决于所用导线的质量、长度及传输技术。只要精心选择和安装双绞线，就可以在有限距离内达到每秒几百万位的可靠传输率。当距离很短，并且采用特殊的电子传输技术时，传输率可达 100～155Mbps。由于利用双绞线传输信息时要向周围辐射，信息很容易被窃听，因此要花费额外的代价加以屏蔽。屏蔽双绞线电缆的外层由铝箔包裹，以减小辐射，但并不能完全消除辐射。屏蔽双绞线价格相对较高，安装时要比非屏蔽双绞线电缆困难。类似于同轴电缆，它必须配有支持屏蔽功能的特殊连结器和相应的安装技术。但它有较高的传输速率,100 米内可达到 155Mbps。

另外,非屏蔽双绞线电缆具有以下优点：

(1) 无屏蔽外套，直径小，节省所占用的空间；

(2) 重量轻、易弯曲、易安装；

(3) 将串扰减至最小或加以消除；

(4) 具有阻燃性；

(5) 具有独立性和灵活性,适用于结构化综合布线。

EIA/TIA 为双绞线电缆定义了五类不同质量的型号。计算机网络综合布线使用第三、四、五类。这五种型号如下：

第一类：主要用于传输语音（一类标准主要用于 80 年代初之前的电话线缆），不用于数据传输。

第二类：传输频率为 1MHz，用于语音传输和最高传输速率 4Mbps 的数据传输，常见于使用 4Mbps 规范令牌传递协议的旧的令牌网。

第三类:指目前在 ANSI 和 EIA/TIA568 标准中指定的电缆。该电缆的传输频率为 16MHz,用于语音传输及最高传输速率为 10Mbps 的数据传输，主要用于 10base-T。

第四类:该类电缆的传输频率为 20MHz,用于语音传输和最高传输速率 16Mbps 的数据传输，主要用于基于令牌的局域网和 10base-T/100base-T。

第五类:该类电缆增加了绕线密度，外套一种高质量的绝缘材料，传输频率为 100MHz，用于语音传输和最高传输速率为 100Mbps 的数据传输,主要用于 100base-T 和 10base-T 网络,这是最常用的以太网电缆。

二、同轴电缆（Coaxial Cable）

同轴电缆（如图 1-3）其组成由里往外依次是铜芯、塑胶绝缘层、细铜丝组成的网状导体及塑料保护膜。铜芯与网状导体同轴，故名同轴电缆。局域网中常用到的同轴电缆有两种，一种是特性阻抗为 50Ω 的同轴电缆,用于传送数字信号。通常把表示数字信号的方波所固有的频带称为基带，所以这种电缆也叫基带(Baseband)同轴电缆。基带系统的优点是安装简单而且价格便宜，但由于在传送过程中基带信号容易发生畸变和衰减，所以传输距离不能很长。一般在 1km 以内，典型的传送速率是 10Mbps。另一种是特性阻抗为 75Ω 的 CATV（Community Antenna Television）电缆，用于传送模拟信号，这种电缆也叫宽带(Broadband)同轴电缆。要把计算机产生的比特（bit）流变成模拟信号在 CATV 电缆传输，就要求在发送端和接收端加入 Modem（调制解调器）。对于带宽为 400MHz 的 CATV 电缆，其传送速率为 100～150Mbps。也可以采用频分多路技术（Frequency Division Multiplex,简称 FDM），把整个带宽划分为多个独立的信道，分别传输数字、声音和视频信号，实现多种电信业务。

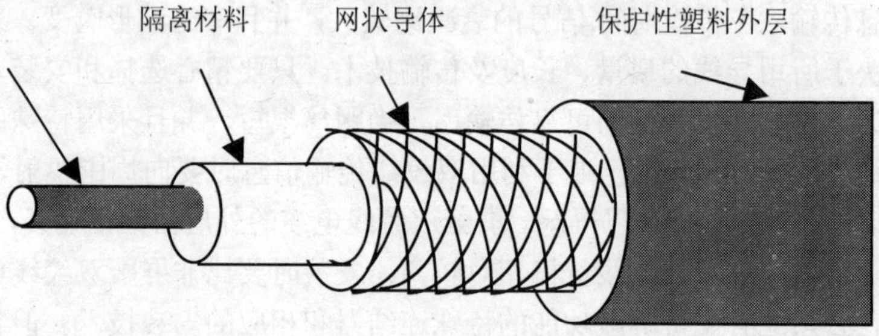

图 1-3　同轴电缆的组成

三、光缆（Optical Fiber）

光缆由能传送光波的超细玻璃纤维制成，外包一层比玻璃折射率低的材料。进入光纤的光波在两种材料的界面上形成全反射（如图 1-4），从而不断地向前传播。光波在光导纤维中以多种传播模式传播，不同的传播模式有不同的电磁场分布和不同的传播路径，这样的光纤叫多维光纤。光波在光纤中以什么模式传播，这与芯线和包层的相对折射率、芯线的直径以及工作波长有关。如果芯线的直径小到光波波长大小，则光在其中无反射地沿直线传播，这种光纤叫单模光纤。单模光纤比多模光纤更难制造，因而价格更高。光导纤维作为传输介质，其优点很多。首先是它具有很高的数据传输速率、极宽的频带、低误码率和低延迟。典型数据传输速率是 100Mbps，甚至可达 1000Mbps。其次是光传输不受电磁干扰，不能被偷听，因而安全和保密性能好。最后，光纤重量轻、体积小。光纤通信是比较新的技术领域，网络接口和光缆价格还比较昂贵，安装和配置技术都比较复杂，但随着技术的发展，光纤通信在计算机网络中将会获得更广泛的应用。

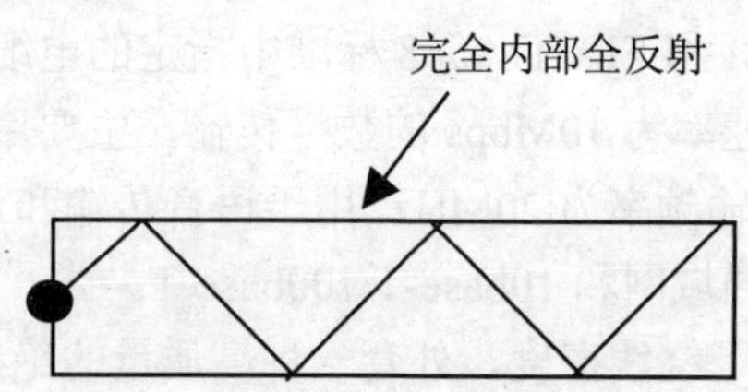

图 1-4　通过完全的内折射，光会无损耗的传播

目前，光通信使用的光波波长范围是在近红外区内，波长为 0.8~1.8μm。可分为短波长段（0.85μm）和长波长段（1.31μm 和 1.55μm）。由于光纤通信具有一系列优异的特性，因此，光纤通信技术近年来发展速度无比迅速。可以说这种新兴技术是世界新技术革命的重要标志，又是未来信息社会中各种信息网的主要传输工具。概括地说，光纤通信有以下优点：传输频带宽，通信容量大；损耗低；不受电磁干扰；线径细，重量轻；资源丰富。

正是由于光纤的以上优点，使得从八十年代开始，宽频带的光纤逐渐代替窄频带的金属电缆。但是,光纤本身也有缺点，如质地较脆、机械强度低就是它的致命弱点。稍不注意，就会折断于光缆外皮之中。施工人员要有比较好的切断、连接、分路和耦合技术。然而，随着技术的不断发展，这些问题是可以克服的。

在结构化布线系统中，光纤不但支持 FDDI 主干、1000Base–FX 主干、100Base–FX 到桌面、ATM 主干和 ATM 到桌面，还可以支持 CATV/CCTV 及光纤到桌面（FTTD），因而它和铜缆共同成为结构化布线中的主角。

实验二　组网实践一　网络规划

2.1　实验目的

通过筹建一个具体的局域网，了解网络规划的原则和过程。

2.2　实验要求

教师提出筹建一个局域网的具体应用要求，由学生进行网络规划，写出组网建议书，包括确定网络传输介质、网络操作系统、服务器及工作站配置，以及网络性能指标等。

2.3　实验步骤

1．分析组网具体要求；
2．进行网络总体规划；
3．确定组网用的传输介质、网络操作系统、服务器及工作站配置；
4．写出组网建议书。

2.4　实验报告

1．写出组网建议书；
2．分析不同的网络传输介质、网络操作系统、服务器及工作站配置对网络性能的影响。

2.5　实验相关知识

下面是一些组网设计和实施的参考原则：

1．先进性原则；
2．成熟性原则；
3．标准化原则；
4．实用性原则；
5．经济性原则；
6．通用性原则；
7．可扩展性原则，包括：硬件结构上的可扩展性；软件结构上的可扩展性；应用软件的可扩展性；
8．高性能/价格比原则；

9．总体规划、分步实施原则。

2.5.1 局域网设计一般性原则

尽管目前可选择的网络拓扑技术有数百种之多，但我们可依据规模的大小将其归为三类：小型单网段网，中型分解式主干网(Collapsed back bone)与大型高速网。有一点值得注意的是，无论对哪种网络进行设计，有一点是共同的，即在交换与路由技术的选用上应始终遵循以下原则，尽可能使用交换技术，只有在必须使用路由器时才使用路由器。

一、小型局域网设计

小型网系指小型单网段网络，用户数目不超过 100，服务器数目 2～3 个，一般为以太网或令牌环网。

小型局域网的设计，首先要考虑的问题就是网上的交通流量是否只由少数几台机器所控制，即网上的交通是否是客户／服务器模式。如果是客户／服务器模式，则服务器就应比工作站具有更宽的管道。这是由于服务器存贮用户的文件与应用程序，供网上大量用户访问，因此网上的交通流量都集中于对服务器的访问。但如果使用 Windows for workgroups 或其它对等网络操作系统共行文件共享时，网上的交通则是对等的。

在对等网络中，由于大多数文件是存放于网上各个机器之中，因此网上交通相比较不那么繁忙。对于某些要求较高带宽的对等应用如影视会议等则需要局域网具有较高的带宽。目前市场上有对等以太网或令牌环网交换机产品出售，这些交换机的优点是连接简单，价格便宜，管理也非常简单，每个交换机一般有 6～25 个端口。

交换机缓存结构对网络性能的影响取决于网络结构。如果在每个交换机端口上只连接一台工作站，则交换机内部缓存结构并不显得那么重要，因此只需每个端口能够缓存一定数目的数据包就可以了，一般一个端口大约要有 64K 字的缓存容量。

在小型客户／服务器网络中，工作站与服务器系由交换机连接到一起。这种交换机一般有一至两个高速端口，如 FDDI、ATM 或快速以太网口，并配有 8～100 个普通端口。

其中 100 个端口的交换式集线器为插槽式，具有固定配置的机器有 25 个端口。目前市场上所销售的交换式集线器相当便宜，其价格与非交换式集线器的价格已相差无几。

FDDI 组网技术可采用 FDDI、快速以太网与 ATM，我们可以根据实际情况及它们的特点予以选择。其中 FDDI 是使用最早且是最为成熟的技术，其缺点是价格较高，FDDI 交换式集线器的实现也比较复杂。FDDI 的另一个缺点是，FDDI 与以太网的(MTU)最大传输单元的尺寸不同，FDDI 的 MTU 为 4500 字节长，大约 3 倍于以太网 MTU(1514 字节)的长度。这种 MTU 尺寸的差别使得工作站之间必须进行协商，以求使用适当大小尺寸数据包的目的。而 TCP／IP 的使用就更加复杂，它要把数据包分解成符合 TCP／IP 的尺寸，因此要求交换机所配置的高层协议了解 TCP／IP，增加了交换机的成本，FDDI 最明显的优点是传输效率高，可以提供高达 98%的带宽效率。

快速以太网的最大优点是简单、实用、价格便宜并易于普及，深受广大用户的欢迎。由于它是传统 10M 以太网技术的扩展，因此并不存在 FDDI 所面临的 MTU 问题。高速以太网使用光纤时传输距离可达 2km。它虽不像 FDDI 那样配置有内置式容错措施与链路控制，但这些对小型网络并不十分重要。特别值得强调的是快速以太网产品的价格是其它任何技术难以匹敌的。综上所述，快速以太网是小型网络增加带宽的最佳方式。提到快速以太网，我们不能不涉及最近才崛起的称之为以太网第三次浪潮的千兆位以太网技术。千兆位以太网技术由 Compaq、Sun、3Com 等 100 多家公司联手开发。千兆位以太网的价格只为快速以太网的 3～4 倍，而带宽则增加 10 倍。与 FDDI 相比，千兆位以太网将带宽提高了 10 倍，并可以避免以太网与 FDDI 之间协议转换所带来的开销。千兆位以太网的出现对 ATM 技术也是一个挑战，可见它是一种非常有前途的技术。

ATM 技术一般来讲不适用于小型网络，它适用于大型网络的主干。与快速以太网相比，ATM 的价格显然要高得多，ATM 的标准也需要进一步完善。ATM 的最大优点是它是一种面向连接的技术，因此具有非常大的潜在优势。其特点是 ATM 传输信元较短(53 字节)，长度固定，适用于多种信息流的混合传送。到目前为止，它是惟一一种真正能够提供服务质量(QoS quality of service)的一种网络技术，适用于传输混合数据、视频和话音信息，具有能直接为桌面系统提供独占带宽等优点。

二、中等规模网络与分解式主干技术

中等规模分解式主干网的用户一般在 100～1000 之间，多采用以太与令牌环组网技术，用一个或少数几个路由器作为网络的主干，网上服务器为 10 个左右。

用这种方式组成的网络的优点是性能可靠，隔离性能好。缺点是由于路由器由软件驱动，故需要高性能的 RISC 处理机进行处理，造价较高。它虽能满足大型文件的传输应用，但满足不了高档多媒体桌面系统的要求。它也不易于向交换式网络过渡。

另外，该种设计方案显然与一开始就提出的设计原则相矛盾，我们曾指出，尽可能地使用交换技术，只有在必须使用路由器时才使用路由器。遵循这一原则，我们可采用交换机取代路由器来满足高性能应用要求。交换机能按端口划分虚拟网络，有的交换机还能将用户的物理网络地址与虚拟网的划分联系在一起。其好处是允许笔记本计算机用户在任一地方接入网络，并能被自动配置到相应的局域网中去。

在交换网络环境下，用户交通只在发送与目标节点之间进行传送，其它节点是不可见的。但有一点例外，当某一节点在网上发送广播或多路广播时，此时虚拟网上的所有节点都将收到这一广播信息。事实上，一个虚拟网实际上就是一个广播域。为了避免在大型交换网上进行的广播所引起的广播风暴，可将其进一步划分为多个小型虚拟网络。

虚拟网的好处是它能起防火墙的作用，能按实际需要将那些功能相近或相同的用户按逻辑划分虚拟网，不同虚拟网之间的交通需要通过路由器。该种网络特点是使用交换机并配以路由器组网，提高了网络的性能，改善了组网的灵活性。

划分了虚拟网络后，路由器与每个虚拟网分别是标准的以太或令牌环连接，比较旧一点的路由器都使用这种办法与虚拟网进行连接。这是使用旧有路由器对网络扩充的一个好办法，它不仅能使网络扩充到一定规模，同时还保持了用户的已有投资。用户还可以通过该路由器与广域网相连接。

但是，如果网络规模较大，且又要划分较多的虚拟网络，特别是在一个网中使用多个交换机的情况下，要将所有的虚拟网都按上述办法连向路由器就比较困难了。为此，一些厂商开发了虚拟网的干线连接技术，即多个虚拟网与路由器只需使用一个连接就可实现。此时的虚拟网与路由器的多个连接可合并为一个连接——干线连接。

采用 ATM 进行局域网仿真是一种典型的干线技术，该网由边界交换与局域网仿真 VANE 软件实现虚拟网。边界交换机负责以太/信元的转换。ATM 交换机与路由器之间只有一个连接，即干线连接，它可承担多个虚拟网之间的交通的传输。

该 ATM 网主要由以下设备组成：主干交换机、边界交换机、直连主机与路由器。网络主干交换机每个端口可提供 155Mbps 的带宽。边界交换机则通过运行局域网仿真实现传统以太网与 ATM 网的连接达到保护已有投资的目的。ATM 主机则直接连向 ATM 高速端口，可独占 155Mbps 带宽，满足了多媒体桌面系统应用的要求。路由器用于传输 VLAN 之间的交通与广域网 WAN 的连接。

最近测试结果表明，VANE 具有非常好的兼容性，不同厂家生产的 VANE 产品可以相互混合使用，这在前几年是不可想像的。ATM 与 VANE 的另一个显著的优点是可以使用虚拟电路连接将某个服务器分配到多个局域网中去。

三、大型网络的设计

从目前来看，网络的瓶颈主要有两种，其一是网络主干(Backbone)瓶颈，如采用共享技术的 FDDI 主干环。其二是网上路由器所形成的瓶颈。大型网络设计的主要任务就是克服网络的瓶颈，针对存在的问题，给出合适的设计方案。

如果用户已投入了大量经费建设了 FDDI 共享技术的主干网，此时再重新改变网络的结构必将造成巨大的浪费。较为合理的解决方案是采用 FDDI 交换技术改造主干网，这样做可以保护 FDDI 共享主干网的投资。但 FDDI 交换产品价格较高，管理的灵活性也较差。

大型网络设计的理想方案是采用 ATM 主干技术。ATM 是建设高速信息公路的关键技术，它是有高带宽，能并行传输语音、图像与数据提供多种类型服务、管理灵活等特点，是目前惟一一种能够真正提供服务质量 QoS 的网络互连技术，代表了计算机通信技术的发展方向。

FDDI 交换技术与 ATM 交换技术都可用于组建大型互连网络，但仍然存在着路由器的瓶颈问题，因为主干交换机与路由器之间连接管道的带宽只为 155Mbps，满足不了大型网络数据传输的要求。另外，路由设备的延迟也较大，如果信息的传输要经过多个路由器才能到达目的地，网络的延迟将会急剧增大。为了克服大型网络服务器的瓶颈，需要在 ATM 上运行多种网络协议的标准（MPOA）。MPOA 的优点是其全部路由结构能作为单一路由器加以管理。因此，我们可将 MPOA 视为一个“虚拟路由器”，即运行于 ATM 上并能提供类似于多协议路由器的一组 MPOA 设备：

1．边界设备类似于路由器接口卡；

2．ATM 交换机类似于路由器背板，用于链接边界设备；

3．路由服务器则类似于控制处理机，用于维护路由信息。

这种结构的最为显著的优点是，不同虚拟网之间的通信在建立链接后，它们之间的通信不再经路由服务器，只经一个跳步就可到达目的节点，从而避免了使用路由器带来的瓶颈问题。

最后需要指出的是，网络设计工作的最为重要的是要有灵活性，一定要根据自己的实际需要和经济上的可能，并要考虑到其可扩展性，在此基础上再根据上面所介绍的组网技术与规则进行网络的设计。

2.5.2 局域网设计实例参考

下面介绍一个大学校园网设计。

一、校园网规划方案及建设策略

1．校园网建设目标与建设内容

某大学校园网建设的总体目标是将全校的计算机资源和程控交换机，通过高速主干网中心点及局域网中心点互联，构成一个集中管理的，分布的异构网络系统（称为DANET），并与中国教育和科研网(CERNET)及国际互联网(Internet)相联，实现信息资源共享，在其上提供丰富的网络服务及应用，成为教学科研的重要支持环境及网络信息资源建设场点。

2．DANET 建设内容包括以下几个方面：

①主干网中心点及各教学、行政及实验大楼的局域网中心点的建设；

②主干网的建设，与 CERNET 及 Internet 的互联；

③电子邮件、文件传输、远程登录及信息查询等网络服务功能开发；

④网络资源服务器的建设。包括：在线图书馆、综合服务信息数据库、CAI 教学信息库等；

⑤各系、部、学院及行政大楼局域子网的建设；

⑥电话拨号通信子网的建设；

⑦集中式网络管理平台的建立及网管应用系统的开发；

⑧校园网运行、服务及维护人员的培训与机构的建设。

DANET 的网络规模覆盖全院，它包括：一个高速主干网中心点， 三个局域网中心点几十个局域子网，上千个包括服务器、工作站及个人机在内的计算机站点，一百个经电话拨号上网的分散站点；主干网的速度为交换 100～155Mbps，局域子网的速度为交换 10~100Mbps；与校外广域网连接采用 DDN 线路及 X.25 线路；网络的性能可以支持 200 个用户同时上网，可以支持宽带的多媒体（包括语音、图形、图象及视频等）应用。

二、校园网建网原则与实施策略

校园网的建设是一项系统工程，它涉及建网需求分析、网络规划、可行性论证，投资规模、建网实力、产品选择、工程施工、人员培训等各个方面，需要考虑的问题较多。这项系统工程实施的成果是要建成一个既先进又经济且实用的校园网设施。

按照学校的教学和科研需求及技术与经济实力，应在明确建网目标的基础上进行了全面合理的规划，制订了分期投资，边建设、边出效益的建设方针和实施策略。所遵循的建网原则和实施策略可以归纳如下：

1．建网原则

①采用先进成熟的网络技术

校园网的建设不是技术试验，而是一项工程，一项建设基础设施的工程，建网的周期一般均较长，使用的周期就更长。因此，采用先进成熟的网络技术是建网的基本原则，处理好技术先进与产品成熟的关系十分重要。采用最先进的技术、要冒标准不完善、产品稳定性及互操作性没有把握、服务及配套跟不上等风险；采用已成熟的技术又要冒以后会落后，可能被淘汰的风险。因此，在选择所采用的网络技术时，先进与成熟必须同时考虑。根据所选技术的先进性与成熟程度它与最先进技术的相容性及可过渡性、产品的市场情况及产品生存期等信息做出决策。当不好决策时，应将技术的成熟性放在较优先的地位。

先进成熟的网络技术还应包含符合国际工业标准、开放性好、经过严格的一致性测试、互操作性好、易于扩充和更新。

②注重经济实用

建网时应根据学校的要求、财力及水平，规划投资规模，不要盲目追求大而全，要注重经济实用。在满足应用需求的前提下，处理好网络应用对网络性能的需求，只要两者能相适应，稍有余地便可，以尽量节省设备投资。尽可能利用现有的计算机设备、通信设备及数据库资源，充分发挥现有局域网络的功能，保护投资，降低建网费用。

在规划时，既要考虑学校现在的需求，也要估计到今后若干年的需求，如网络应用领域的扩大，用户需求的增加及信息量的增长等。在规划网络规模及选择网络设备时，应从一个较长期的需求出发，留有余地，以便使校园网的发展相对稳定，也就是说当一个网络初步建成后，能在一个较长的时期内，保持相对稳定。

2．实施策略

由于网络技术发展较快，计算机设备的更新更快。建网时若将规划好的网络一下子全面铺开建设，不仅初期投资大，而且会因服务与应用跟不上，导致白白空闲了一部分通信信道与设备，使投资的效益不能及时收回，造成失损。因此，宜采取边投资，边建设，边出效益的实施策略，投资一部分，建设一部分，紧跟着使用起来，暂时不用的部分先预留接口，设备不要过早购进来。特别是建网开始时，投资不要大，先满足急用的，待积累了技术与使用经验后，再投资，再建设及开发应用。这样，一旦网络建设好，应用开发也搞得差不多了。

考虑到经费情况及应用需求，首先投资一个局域网中心点，连接三个局域子网，通过该中心点与 CERNET 及 Internet 互联，可以支持二十多个单位站点及 40 多个散户站点获得基本的网络服务，部分解决了学术信息查询、电子邮件及校际交往的急需。第二期工程将铺设光纤主干网，建立其他二个局域网中心点。最后，建设的是主干网中心点。由于采用的是 Switch-ATM 二级交换主干网方案,前期建网工程只涉及先进又成熟的 LAN Switch 技术，后期建网工程才涉及最先进的 ATM 技术，到那时 ATM 技术已成熟了,可以放心大胆使用。

在每期投资建设中，资源服务器的建设与应用系统的开发应分期分批跟上。边投资、边建设、边出效益的最终目的是：当网络建好、路通了的时候，车也有了，货也有了。只有达到有许多车在路上跑，车上装满了货，才能体现信息高速公路的真正含义，这样的校园网才是成功的。

三、校园网总体方案与技术策略

DANET 采用主干网与局域子网互连的结构。由一个主干网中心点及若干个局域网中心点组成主干网，通过光纤信道互连，各局域子网与相应的局域网中心点通过双绞线或粗缆相连，构成一个星形的树型结构网络。这个树型网络的根，亦即星中心，就是主干网中心点，也就是校园网络中心。各中心点均采用交换技术的,主干网中心点采用 ATM 技术,配置一台 ATM 交换机, 局域网中心点采用 LAN-SWITCH 技术配置一台交换机。全校的局域子网可以是 unix 网络、Novell 网络或其他异构网络,它们均通过 HUB 与局域网中心点的 Switch HUB 相连接。

主干网与局域子网的互连协议为 TCP/IP,各局域子网内部可以采用 TCP/IP 或 SPX/IPX 等,校园网与 Internet 及 CERNET 的互连协议亦为 TCP/IP。

主要的网络资源服务器将配置在主干网中心点。各局域网中心点也可以配置相应的网络服务器及数据库服务器，构成客户/服务器模式的应用开发平台。 网管站设在主干网中心点，集中管理全网的网络资源。考虑到主干网中心点要在后期才能建设，因此，网管站及网络资源服务器可暂时配置在先建的局域网中心点上。

DANET 所采用的技术方案是经过反复研究和分析后确定的,制订了如下的技术策略：

1．瞄准 ATM 技术，采用 Switch-ATM 二级主干网方案

在确定总体方案时，选择网络技术是关键。通过技术可行性、经济可行性及实施可行性分析，认为 ATM 技术是最先进的交换式网络技术，代表着高速网络的发展方向。该技术已走向成熟，产品正在推向市场，选它作为主干网是最理想的。主要原因是 ATM 的信元交换、按需分配带宽及服务等级保证等技术特色是其他网络技术所不可比的。正是这个原因使它适用于各种方式的联网，能以集成方式处理包括数据、语音、图形、图象、视频在内的多媒体网络应用。当然， ATM 技术还在不断发展，某些技术细节还在变动。它的热点问题是标准化尚未完善。目前推出的 ATM 产品，在互连性、互操作性、与传统网络的相容性及与网络高层协议的衔接等方面可能问题还较多。因此，目前采用这种技术是要冒风险的。LAN-Switch 技术已作为一种先进的经济实用的网络技术受到了重视，它采用了现有局域网的标准，将共享技术改进为交换技术，提高了网络性能。由于它也是一种以交换为中心的网络技术，在交换技术上与 ATM 交换技术有较好的相容性，将这两种技术融合起来，不仅不会冲突，还能更好地发挥其效果。因此，选择 Switch-ATM 二级主干网方案：用 ATM 交换作为主干网中心点,用 Switch 交换作为二级主干网（局域网）中心点。连网前期先建二级主干网中心点，采用 Switch 主干网，后期再平滑过渡到 ATM 主干网。

2．合理设置主干网中心点

主干网中心点就是配置 ATM 交换机的地方，合理设置主干网中心点，对提高网络性能，提高可靠性及可管理性是十分重要的。考虑到学校的规模、地理范围及应用要求，只需配置一台 ATM 交换机，即一个主干网中心点就足够了。该中心点应设置在校区的中心位置、从中心点出发只需铺设 2 km 以内的光缆便可以基本遍及全校满足组网要求，通过这个中心点实现对全校的集中式控制与管理。这个方案既节省了设备投资，又使网络的控制与管理变得十分容易。此外，为提高可靠性，对关键设备的备份也容易实现，投资大大减少。

3．采用 UNIX 技术和客户机/服务器模式

UNIX 系统是当今开放网络环境最佳的操作系统，也是 Internet 网的主要系统软件平台。许多 Internet 服务与应用是在 UNIX 平台上开发的。UNIX 系统集成了 TCP/IP 网络技术，能很好地支持异种机、异构网互联，支持客户机 /服务器计算模式。因此，选择 UNIX 技术作为主要服务器软件平台是当然的。

考虑到服务性能及 QoS，必须有高性能的数据库平台，故采用了客户机/服务器计算模式及开放数据库技术。客户机/服务器模式是建立在服务器、PC 机与 LAN 基础上，为用户提供一个开放的可伸缩性的计算环境，用户可以根据业务量的多少来增减 LAN 上的客户机和服务器。因此，采用它可以利用现有的计算机资源，保护用户的投资，最大限度地发挥网络的优势, 开放数据库技术对建设网络资源服务器、数据库服务器是十分必要的。采用开放数据库管理系统，如 Oracle 或 Sybase，能支持并行数据查询、数据完整性、图形工具和多媒体，它们有很好的开发工具和平台，支持客户机/ 服务器结构应用系统开发。此外，利用它们的开放特性，实现网络环境下异构数据库之间的互操作，可以保护原有数据资源，充分利用现已建成的数据库信息，减少开发费用。

4．采用与交换技术相适应的虚拟网络技术

ATM 交换机支持虚拟网络，它将由交换机组成的整个网络，从逻辑上分割成若干个广播域，同一个广播域内的计算机组成一个逻辑子网，亦即虚拟网。采用路由器方法实现虚拟网

络之间的互连。目前推出的ATM产品已具备这种技术。

应当指出，采用交换技术的网络，必须采用虚拟网络技术，否则这种网络将无法阻止广播风暴，不能解决信息的隔离与安全，也就无法可靠使用，甚至根本不能使用。采用虚拟网络技术的其他好处是，子网配置灵活，不受物理线路的限制。这种逻辑子网的组合与物理位置无关的特点对许多网络应用是十分有用的。

5. 采用集中式网络管理技术

网络管理是校园网建设的关键技术之一。网管站是校园网络的核心。目前集中式控制与管理网络技术已经比较成熟，实现相对比较简单。集中式管理需在网络系统中建立一个全面负责管理所有网络资源的网管中心。分布式管理是按区域或层次建立多个网管中心，分别负责管理不同区域与不同层次的网络资源。网管中心之间相互配合共同完成网络系统的管理。

根据 DANET 的规模与网络结构，采用了集中式管理的方法。网管中心设置在主干网中心点，配置一台网管站，直接与 ATM 交换机相连。网管站建立的关键是选择合适的网管软件平台及相应的网管支撑软件，这是建好网管应用系统的关键,选择网管软件平台要考虑到它的操作系统支持版本，是否支持 SNMP 协议、可能提供的网管功能及网管软件平台与网管站的依赖关系等。网管支撑软件是运行在网管软件平台上，用来支持面向特定网络功能、网络设备及操作系统管理的支撑软件系统，选择时应与网管软件平台一起考虑。在选择好网管软件平台与网管支撑软件以后，再选择能支持网管软件平台且又能满足网管处理及信息量要求的硬件设备，从而构成合理的网管平台。最后，在其上利用网管支撑软件开发适合自己的网络管理应用系统。考虑到 ATM 交换机在建网后期购置，网管站目前尚无法配置与组建。由于网管技术比较新又很复杂，国内近两年才开始热起来，需要作一些技术准备，因此在所建的局域网中心点配置了一台 PC-Server 90 型作为临时网管站,选择了低档的 NetView-For-Windows 网管平台，进行一些网管应用的开发研究。待后期工程开始时，视具体情况或保留使用、或升级或重新配置高档网管软件平台，总之将根据需求选择之。

2.5.3 网络设备的选型与配置

一、常用的局域网网络设备

1. 集线器（Hub）

   普通/智能集线器

   共享集线器/交换集线器

   10M/100M 集线器

2. 交换机（Switch）

   工作组交换机(Workgroup Switch)

   企业级交换机(Enterprise Switch)

   模块化交换机

   10M/100M/1000M Ethernet 交换机

   ATM(155M)交换机

   FDDI(100M)集中器(Concentrator)

   分组交换(直通/存储转发)

   第三层交换(IP 交换，标签交换……)

二、常用的传输介质

同轴电缆 (Coaxial Cable):

RG-8/RG11 (50Ω) 粗缆

RG-58/U (50Ω) 细缆

RG-59 (75Ω) CATV 电缆

RG-62 (93Ω) ARCnet 或 IBM3270 使用

双绞线:

非屏蔽双绞线(UTP)，3 类、5 类

屏蔽双绞线 (STP)

光缆:

单模光纤

多模光纤

其他材料有:

配线架

配线模块

信息插座

插头（RJ45, ST, SC）

三、网络设备配置案例

案例一 一企业厂区内有 7 栋主要建筑联网；计算中心楼到其他楼的距离（100m, 2000m)；厂区主干网带宽要求为独占 100M(Dedicated 100M)；楼内主干网带宽要求为独占 10M(Dedicated 10M)；主服务器一台，端口带宽为独占 100M；为连接异地仓库和移动计算，需配置拨号接入设备；为便于网络管理，需配置图示化网络管理软件。

案例分析：

布线：厂区建筑群系统采用多模光缆，建筑物内采用五类双绞线。

厂区主干网采用交换式快速以太网，主交换机端口至少需 6 个 100BASE-FX（6 栋楼)，2 个 100BASE-TX（1 个为计算中心楼自用，1 个连服务器）端口。

楼内主干网采用交换式以太网，交换机端口至少需 1 个 100BASE-FX(或 100BASE-TX)，其他为 10BASE-T 端口。

配拨号服务器和网管软件。

参考方案：

主交换机：BayStack 28200, 1 台，配置 6 个 100BASE-FX 端口，2 个 100BASE-TX 端口。

楼内交换机：BayStack 301, 7 台，配有 2 个 100BASE-TX 端口，22 个 10BASE-T 端口。另加 6 个 100BASE-TX/100BASE-FX 转发器。

拨号服务器：Bay Networks Remote Annex 2000，配有 8 个串行口，1 个 10BASE-T 端口。

网管软件：Bay Networks Optivity Campus V7.0 for Win95 。

案例二 某商场建信息系统，大楼内布线采用 5 类双绞线；商场信息系统配置 2 台数据库服务器（双机备份)，1 台文件服务器，30 台 PC 机（业务、管理部门用），15 台 POS 机（商场收银台用)；网络采用交换式 10M/100M 以太网，其中服务器端口为 100BASE-TX，其他为

10BASE-T 端口；为实现信用卡实时联网使用，商场信息系统与银行卡网络中心间通过 X.25 专线联网；为连接异地仓库和移动计算，需配置拨号接入设备；采用图示化网管软件。

案例分析：

网络交换机：至少需要 3 个 100BASE-TX 端口（连 3 台服务器），46 个 10BASE-T 端口（30 台 PC，15 台 POS 机，1 台路由器/拨号服务器）。

需配置边界路由器，至少需要 1 个同步广域口。

需配置拨号服务器。

需配置网管软件。

参考方案：

交换机：CISCO Catalyst 1924，2 台，堆叠使用，每台配置有 2 个 100BASE-TX 端口，24 个 10BASE-TX 端口。

路由器/拨号访问服务器：CISCO 2509，1 台，配有 1 个 Ethernet AUI 端口，2 个同步口（广域网口），8 个异步串行口。另配 AUI/RJ45 收发器 1 个。

网管软件：CISCO Works Windows 3.1 for WIN95。

2.5.4 服务器的选型与配置

按不同方式，服务器可分为：

1. 按硬件体系结构分：

   PC 服务器（PC server）；

   基于 INTEL(如 COMPAQ, IBM, HP, AST)；

   基于 MAC(如 APPLE)；

   非 PC 服务器(non-PC server)；

   RISC 服务器（如 SUN, IBM RS/6000, HP, DEC ALPHA, SGI）；

   其他（如 IBM AS/400，Sequent, Tandem）。

2. 按用途分：

   数据库服务器（OLTP, MIS, DSS）；

   Internet/Intranet 服务器（WEB/Email/Ftp）；

   办公自动化 OA（Notes）服务器；

   应用(Application)服务器；

   文件服务器；

   打印服务器。

一般对服务器有如下性能要求：

1. 运算能力（基准测试程序: ZD, SPEC, TPC 等等，以 MIPS 为单位）；
2. 存储能力（GB）；
3. 可靠性（Reliability）；
4. 可用性（Availability）——不停机；
5. 备份/恢复能力；
6. 可扩展性/可伸缩性（Scalability）。

服务器的性能配置要点：

1．CPU 性能；

2．CPU 个数/最大 CPU 个数；

3．内存/最大内存；

4．硬盘/最大硬盘；

5．硬盘可靠性技术（是否支持热插拔，RAID）；

6．数据 I/O 带宽（总线技术，网络接口）；

7．高可靠性和高可用性(HA)技术。

常见的 PC 服务器：

IBM PC Server,　IBM Netfinity；

HP NetServer；

Compaq Prosignia/Proliant；

DELL PowerEdge。

IBM Netfinity 5000 简介：

通用双处理器服务器，适用于电子商务和中小型企业文件服务，并含有可集成高级系统管理处理器和 Lotus Domino Server 软件的增值特性。

Netfinity 5000 的一些特性：

最多可有两个 Intel® Pentium® III 处理器, 512kB 二级高速缓存；

最多 2GB ECC SDRAM 内存；

可集成 Netfinity 高级系统管理处理器；

热插拔硬盘阵列；

标准冗余电源；

可选冗余电源补给；

可集成 10/100 以太网 。

常见的非 PC 服务器(non-PC server)：

SUN Enterprise Server, Netra Server；

HP 9000；

IBM RS/6000；

IBM AS/400；

DEC ALPHA；

SGI Origin；

Sequent,　Tandem(Compaq, non-stop server)。

下面给出一些服务器配置案例：

案例一　某企业建信息系统，需配置服务器 1 台，作数据库服务器（Oracle or Sybase）；操作系统为 UNIX；连接客户机（PC）50-100 台，扩充最大为 200 台；磁盘容量要求为 20GB，采用热插拔、RAID5 技术；采用磁带为数据备份介质；100BASE-TX 网络接口。

案例分析：

规模为部门服务器（department server）

可采用 RISC 服务器（UNIX 操作系统）

双 CPU（可暂配 1 个）
内存>=256MB
硬盘 5x4GB(5x6GB)
数据流磁带机
参考方案：
SUN Enterprise Server 3000
1~2 个 200MHz 的 CPU
512MB 内存
5x4GB HDD (热插拔)
4mm DDS2 磁带机
100BASE-TX 网络接口

案例二 某邮电局要为电信业务综合管理系统配置服务器，需求如下：
作数据库服务器（运行 ORACLE）；系统要提供高可用性，停机时间<=5 分；连接站点数在（100，300）；为前端用户提供较快的响应时间；主机采用 64 位 RISC 芯片，2 路 SMP 方式；磁盘阵列（热插拔、RAID5），容量 20GB（价格在 200 万元人民币内）。

案例分析：
规模为部门服务器（department server）
采用双机热备份（共享磁盘阵列）提供高可用性
主机采用双 CPU（SMP），64 位 RISC 芯片
512MB 内存
外置磁盘阵列（热插拔，RAID5），20GB 容量
UNIX 操作系统
100BASE-TX 网络接口
参考方案：
HP9000 D270 (2 台)
PA 8000, 2-way SMP
512MB 内存
4GB 硬盘
12GB DDS3 磁带机
100BASE-TX
HP-UX V10
HP HA Disk Array Model 20
HP MC/ServiceGuard

2.5.5 操作系统的选择

操作系统的选择更多地取决于应用软件供应商的要求。有以下一些典型的操作系统：

UNIX

SUN Solaris (适用 SPARC, x86)

IBM AIX 4 (适用 IBM RS/6000、PowerPC)
SCO UNIXWARE (适用 x86)
Linux (适用 x86)

Microsoft

WINDOWS 95/98 (适用 x86, ALPHA)
WINDOWS NT 4.0 (适用 x86, ALPHA)
WINDOWS 2000 (适用 x86, ALPHA)

Novell

Netware (适用 x86)

IBM

OS/2 Warp (适用 x86)
OS/400 (适用 AS/400)

实验三　组网实践二　简单的局域网连接

3.1　实验目的

通过实际安装一个局域网，熟悉网络的安装过程和设置要点。

1. 掌握网络电缆的制作、HUB 和网卡的安装；
2. 掌握网络操作系统的安装和设置。

3.2　实验要求

自己动手做电缆、准备 Hub，将两台计算机安装网卡，安装 WINDOW 操作系统，进行网络配置，实现两台计算机的网络互连。

3.3　实验步骤

1. 安装网卡；
2. 安装集线器；
3. 制作网络电缆；
4. 连接计算机到集线器；
5. 安装网络操作系统；
6. 配置网卡驱动程序；
7. 配置网络协议；
8. 设置资源共享。

下面详细介绍这些过程。

3.3.1　安装网卡

如果使用的是 ISA 网卡，在将网卡插入计算机时，必须为网卡选择一个中断，并且确保不与其他设备冲突。当然，从 Windows 95 开始，Microsoft 的 Windows 9X 操作系统，都支持即插即用技术，它可以让操作系统自动为设备分配中断及直接访问内存。如果网卡不是即插即用的，那么，请按照网卡说明书上的方法，设置中断，一般情况下，设置 IRQ 即可，但这样有时与 COM 2 端口冲突，如果遇到这样的问题，则可以再试试 IRQ5 与 IRQ7。

如果使用的是支持即插即用的 ISA 网卡或 PCI 网卡，或者已经为网卡设置好了中断资源，那么，关掉主机电源，将主机箱打开，然后找一个空的 ISA 或 PCI 插槽，将网卡插入即可。

3.3.2 安装集线器

集线器（Hub）正面有多个 RJ-45 端口，每一个端口都有一个连接指示灯，建立连接时，指示灯亮，不亮时，则表示连接线出现了问题。

集线器内部是“星”形结构，即每个结点都连向同一个中心。如果某一个结点处出现了故障，相比不会影响到整个网络，这样，使网络的可靠性大大提高。与同轴电缆“一坏全坏”的特性相比，就显得优越多了。

当连接两个 Hub 时，它们之间的连线要注意。

用来连接两个集线器的电缆必须调整引脚，也就是说，一只接头的水晶头和普通的水晶头制作方法一样；另一个水晶头制作时，第 1 引脚与第 3 引脚对调；第 2 引脚与第 6 引脚对调。调整引脚是因为网线的第 1、2 引脚是用来送出信号，第 3、6 引脚是用来接收信号，对于串接线来说，从一个 Hub 输出信号，再让另一个 Hub 接收信号。串接时要注意的是：

1．Hub 之间的串接不可超过 4 台。

2．Hub 之间的串接电缆线长度不可超过 100m。

3．Hub 之间的串接不宜形成环路。

4．Hub 之间的串接电缆尽量采用 100Mbps 的网线，以免造成瓶颈。

集线器是一种被动式的设备，它不直接与计算机相连，它连接着每一块网卡，充当着信息导航员的作用，控制着数据的流向。

集线器需要一个独立的电源供电，当网络运行时，集线器的电源必须是接通的，所以集线器最好放在一个安全的地方，并且使用独立的不间断电源。最好用机架将集线器固定。这样，集线器既安全又醒目，可以通过面板上的指示灯，随时监视网络的活动情况。

3.3.3 制作网络电缆

下面以 RJ-45 接头为例说明给双绞线制作水晶接头的步骤：

1．利用斜口钳剪取所需要的双绞线长度（每条线不得超过 100m），剪下后先将双绞线穿过护套。

2．利用剥线器将双绞线剥去外皮约 2cm，并将 4 对线成扇状拨开，顺时针从左到右依次为“白橙 / 橙”、“白蓝 / 蓝”、“白绿 / 绿”、“白棕 / 棕”。

3．再将每一对线分开排齐，注意调整 2、3 对线的位置，使 8 条芯线依“白橙”、“橙”、“白绿”、“蓝”、“白蓝”、“绿”、“白棕”、“棕”的顺序，顺时针方向排列。

4．将 8 条线并拢后用斜口钳剪齐，并留下约 14mm 的长度。

5．将并拢的双绞线插入 RJ-45 接头中，注意“白橙”线要对着 RJ-45 的第 1 支脚。

6．将 RJ-45 接头放入压接槽，一面将线往接头前端顶住，一面用力将压线钳夹紧。压紧接头后将压线钳松开并取出 RJ-45 接头即可。注意压过的 RJ-45 接头，其 8 支金属脚一定要比未压过的低，这样才能顺利嵌入芯线中。有些比较好（当然也比较贵）的压线器甚至必须在接脚完全压入后，才能松开握柄，取出 RJ-45 接头，否则接头会卡在压接槽中无法取出。抽出接头后，再把护套推往接头方向，套住接头，就算完成单边接头的压接。

7．重复步骤 1~6，压好另一端的 RJ-45 接头，这条缆线就可以使用了。

8．RJ-45 的水晶头上有一个塑料的凸起，将这个凸起对准网卡接口上的凹槽往里一推，听到“咔”的一声，就说明顺利完成了网线与网卡的连接。

9. 在网线的另一头也制作一个 RJ-45 接头，这是将来连接集线器的。由于许多网线集中在一捆，所以必须预先为每一根网线的另一头加上标签，标记每根网线所连接的计算机。连接到集线器上之后，如果有一台电脑连接有问题，从集线器的指示灯上就可以看出来，找到相应的标签，查找问题就方便多了。

3.3.4 连接计算机到集线器

现在，我们已经有了双绞线，要做的就是将双绞线的一头接在集线器上，另一头接在网卡上即可。需要注意的是，有些集线器有一个“交叉连接口”，其线路排布方式与其他端口正好相反，它是用来连接另一个集线器的。另外，最好不要用完集线器的每一个端口，因为集线器在具有 80%以上的负载时，有时会变得不稳定，这就是说，如果集线器已经插满，可能需要考虑购买另外一个。最好将网线固定在墙上，而不要使网线随意变弯曲，否则会使网络易受到干扰，从而使整个系统的稳定性下降。

3.3.5 安装网络操作系统

下面以 Windows 98 为例，介绍具体安装步骤如下：

1. 为了保证安装的 Windows 98 系统的稳定性和速度，在这里强调要将启动的分区（通常为 C)先格式化。所以首先要做的工作是数据备份，把重要的数据转移到软盘上或者移到不被格式化的硬盘驱动器上，然后对 C 盘进行格式化。通常，如果驱动器没有什么问题的话，可以用 FORMAT C：/Q 命令进行格式化。这条命令只删除文件，而不重新计算分区的大小，通常速度很快。

2. 重新启动，进入 CMOS，设置为用 CD-ROM 启动。因为 Microsoft 在设计 Windows 98 操作系统的时候，考虑到用户在安装 Windows 时，需要先安装 DOS 下的 CD-ROM 驱动程序，而这样做通常是非常麻烦的。而现在大多数主板都支持 CD-ROM 启动，所以 Microsoft 就将 Windows 98 CD-ROM 制成可以启动的，而且带有一个支持大多数 CD-ROM 的驱动程序。这样，用户就不必每次安装 Windows 都先安装 CD-ROM 驱动了。放入 Windows 98 的 CD-ROM，此时系统会自动运行 CD-ROM 上的 SETUP 程序，出现一个菜单，然后单击“安装 Windows 98”，随后就会看到 Microsoft 的提示及欢迎信息。

3. 单击“继续”按钮，系统会自动检查硬盘驱动器是否有错误。

4. 如果安装程序检测驱动器没有错误，就会出现是否同意软件使用协议的画面。这是 Microsoft windows 98 的最终用户许可协议，您必须同意这个协议，才能继续安装 Windows 98。单击“接受协议”单选按钮，然后单击“下一步”按钮，即可继续安装。

5. 这时，弹出“产品密钥”对话框，要求输入 Windows 98 的序列号，此序列号为五个分别包含五个字符的字符串组成，它用来确认您购买的是正版的 Windows 98 软件，且您如果要注册您购买的 Windows 98，也需要这个序列号。请输入印在 CD 盒背面的序列号，然后，“下一步”按钮会变为有效，单击它。

6. 如果序列号输入正确，则安装程序会进入下一步，否则会出现提示信息，要求用户重新输入序列号，如果序列号输入正确，但安装程序还出现此提示，则请与销售商联系。我们输入了正确的序列号，此时系统正在准备目录，并且检验磁盘上是否有足够的空间安装

Windows 98。

7．出现询问是否保留文件系统的对话框，注意，此对话框只有在升级安装 Windows 98 的时候才会出现，它可以根据用户的需要，来决定是否保存原有的操作系统的文件，以便以后将 windows 98 卸载。不过如果保存系统文件，会多花许多时间，但是为了保险起见，我们选择“是”单选按钮，即保存原有的系统文件。单击“下一步”按钮。

8．安装程序会自动查找原有的系统文件，然后出现一个对话框，要求用户选择备份系统文件使用的驱动器。我们选择 C 盘，单击“确定”按钮，此时安装程序自动备份原有的系统文件。

9．安装程序要求输入您当前的位置，此项要认真选择，它将决定安装 windows 98 以后 IE 4.0 频道栏的内容。

10．随后，将出现“启动盘”对话框，单击“下一步”按钮，就可以看到进度条走动，当走到 23% 左右的时候，出现一个“请插入磁盘”对话框，如果您需要启动盘，则请插入一张磁盘，并将写保护口关闭（即“可写”状态）。前面介绍过了， Windows 98 的 CD-ROM 可以启动所以我们没有必要创建启动盘，这里我们选择“取消”，即不创建启动盘，直接进入下一步。

随后，系统就开始从 CD-ROM 上复制文件到硬盘，同时，屏幕上还会出现 Microsoft 公司为您准备的说明程序，它用类似于幻灯的方式，向您展示一些 Windows 98 的新特性。

复制文件完毕，安装程序自动重新启动计算机，并且自动检测硬件，随后又是一次重新启动，此时，您就可以看到 Windows 98 的欢迎信息了。如果您的某些硬件的驱动程序没有安装或者在以上的安装过程中出现了错误而无法继续，请参阅有关书籍，解决这些问题。

在对等网中，需要设定欲用何种方式连接到网络，Windows 98 采用 Microsoft 网络客户的连接方式，能够发挥 Windows 98 的所有特性。添加了“Microsoft 网络用户”之后，您的计算机即可与其他使用此方法连接的 Windows 95、Windows 98、Windows for Workgroup、Windows NT、Windows 2000 互相通信了。下面是添加网络客户的步骤：

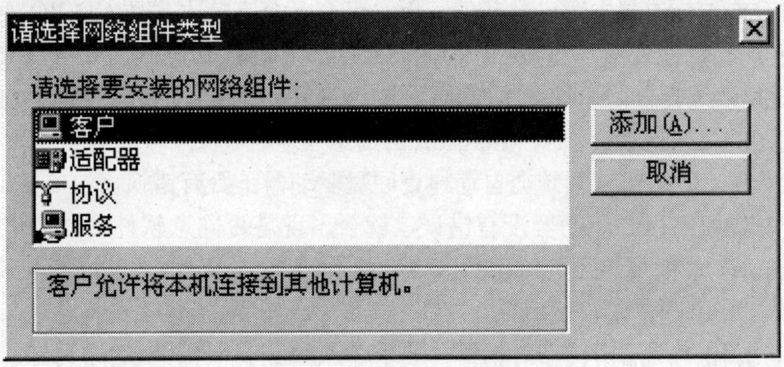

图 3-1　选择网络组件类型

1．从“控制面板”中进入“网络”对话框。

2．单击“添加”，出现“请选择组件类型”对话框（参见图 3-1）。

3．双击“客户”出现“选择网络客户机”对话框（参见图 3-2）。

4．在左边的列表框中选择厂商 Microsoft，在“网络客户”列表框中选择“Microsoft 网络用户”。

5．然后按“确定”按钮，系统会要求放入 windows 98 CD-ROM 或者指出所在位置。待系统复制文件结束，“Microsoft 网络用户”即出现在“网络”属性表中。

注意，有时在安装 Windows 98 时或从 windows 95 升级至 98 时，已经安装了“Microsoft 网络用户”，即在“网络”属性表中已有此项，则不需要再次安装。

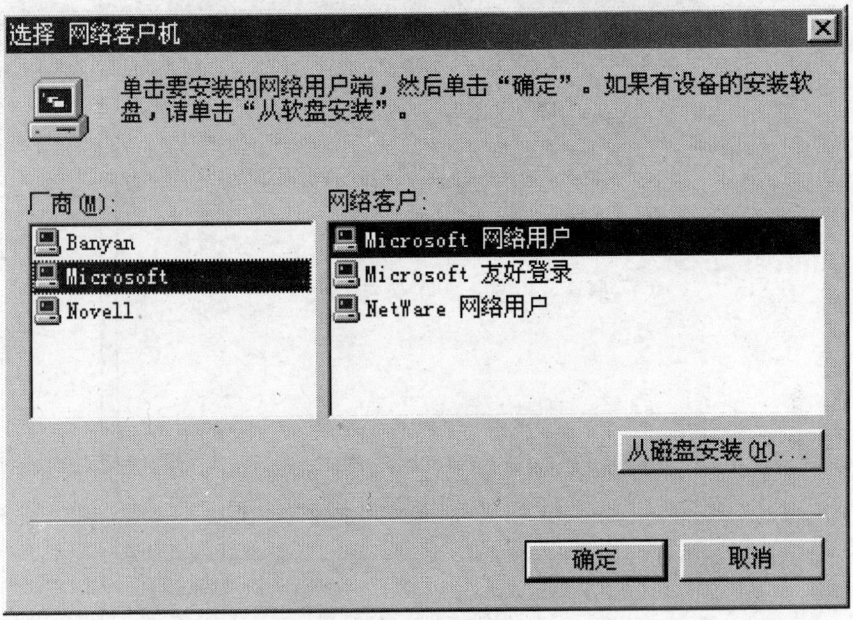

图 3-2 选择网络客户机

3.3.6 安装网卡驱动程序

前面已经将网卡等硬件设置好了，现在要做的就是让这些硬件工作起来。本节介绍网络硬件的配置方法，因为每台电脑的设备工作大同小异，所以仅拿其中的一台来为大家做演示。

Microsoft 的 Windows 98 操作系统为广大用户提供了相当强大的驱动程序库，收集了世界各地厂商的设备驱动程序，因此，包括了大多数的网卡驱动程序，也就是说， Windows 98 在安装时，可能已经配置了网卡驱动程序。此时，就需要检查一下是否已安装了网卡驱动程序。检查网络组件是否安装的最简单的方法是使用“设备管理器”，可在“控制面板”中选择“系统”进入。还有一种方法是在桌面上右击“我的电脑”，然后在弹出的菜单上选择“属性”，您会看到上面记录了您的电脑的基本信息以及开发商信息。在“系统 属性”的对话框中上部选择“设备管理器”选项卡。在列表框中，单击“网络适配器”旁边的加号，即可看到系统中已经安装的所有网络适配器。

在“网络适配器”中，有一项“NE2000 compatible",说明系统已经检测到了本机的网卡，并且已经为该网卡安装好了驱动程序。

双击“NE2000 compatible”项，会弹出设备属性对话框（见图 3-3），此对话框分为三个选项卡，内容如下：

1．“驱动程序类型”选项卡可以选择驱动程序的类型。缺省选择增强模式（32 位）。

2．“绑定”选项卡显示了驱动程序与网络协议的捆绑关系。也可以取消某些绑定关系。

3．“资源”选项卡给出了当前网卡的中断请求以及输入/输出的范围，如果设置不当，会引起设备冲突，如果想要更改资源设置，请先清除“使用自动的设置”复选框，然后可在“设置的依据”下拉菜单中选择一个合适的配置。如果设备存在与其他设备的冲突，将会在下部的“冲突的设备列表”中列出与之冲突的设备，有冲突的情况下，您才有必要更改设备的资源（参见图 3-4）。

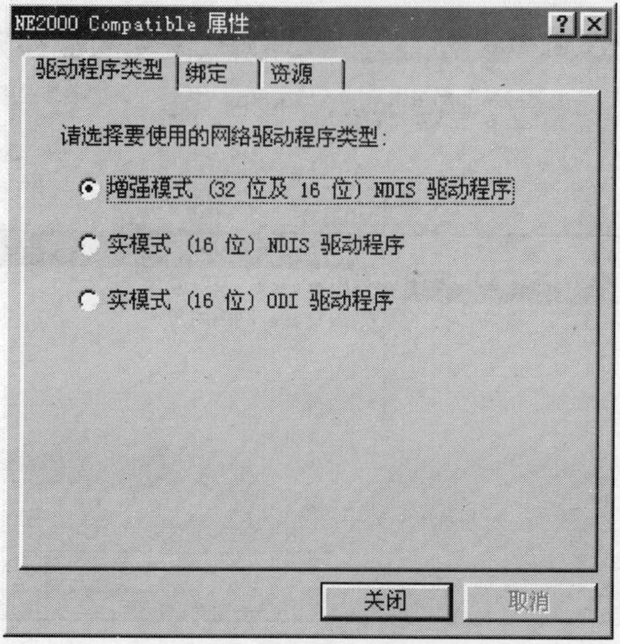

图 3-3　网卡属性设置（驱动程序类型）

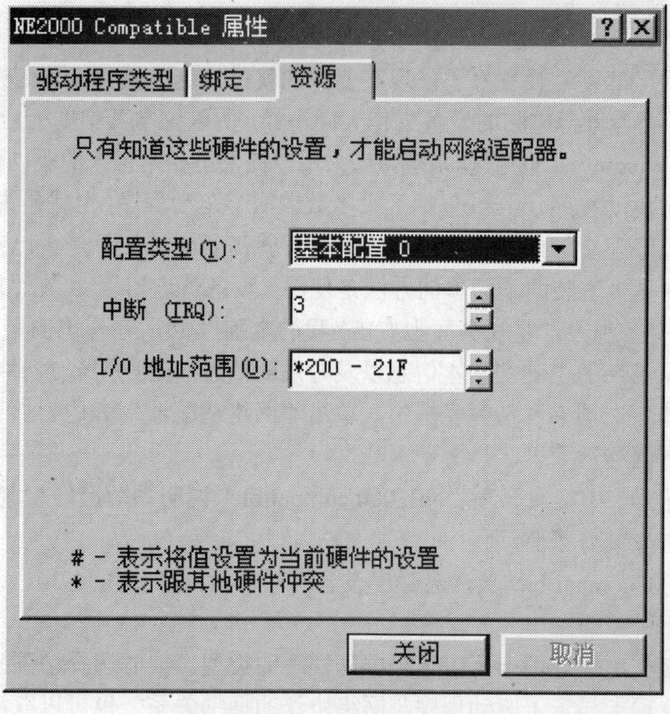

图 3-4　网卡属性设置（资源）

注意，有时 Windows　98 不允许用户对某一设备的资源进行修改，而该设备又存在冲突，这时就需要查看“冲突的设备列表”，尝试去更改与之冲突的设备资源设置。

如果您的“设备管理”中，没有“网络适配器”一项，或者有此项目，但没有显示本机的网络适配器，那么可能需要用手工添加网卡驱动程序。

如果系统没有自动安装网卡驱动程序，则需要手动添加：

在 windows　98 的控制面板中双击“网络”，进入“网络”对话框。该对话框列出了本机中所安装的网络组件，我们现在所做的是添加一个新的网络适配器，所以，现在单击“添加”按钮，出现如图 3-1 所示的对话框。

该对话框列出了四种设备，供用户选择欲添加的设备类型，我们选择“适配”，并单击“添加”钮，或者直接双击“适配器”，则弹出下一个对话框，如图 3-5 所示。

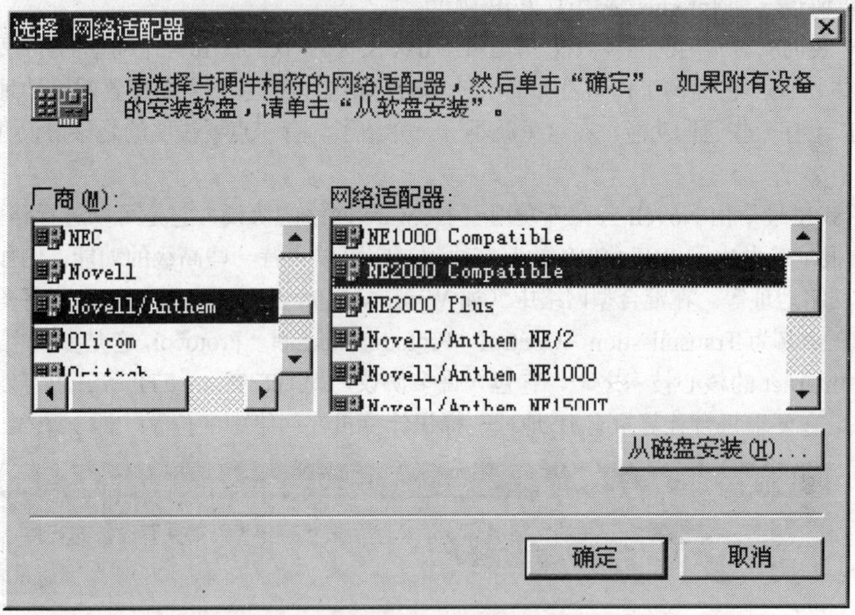

图 3-5　选择网络适配器

此屏幕列出了为 Windows　98 提供了网卡驱动程序的所有厂商，并在每一个厂商名下都有若干种适配器的名称。在左边的列表框中，选择厂商“Novell”，在右边的列表框中选择网卡“NE2000 Compatible”，然后单击“确定”，会返回“网络”属性对话框，然后，当退出“网络”属性对话框的时候系统会提示插入 Windows　98 的 CD-ROM，并且复制一些文件到硬盘。然后系统会让您设置网卡的中断和内存使用等信息。

其中如果某项设置前面有“*”，则表明此设备与其它的设备冲突，此时需要选择一个没有冲突的设置。

如果网卡未在驱动程序列表中列出，那么请准备好制造商提供的驱动程序盘，在对话框中单击“从磁盘安装”，再根据提示给出驱动程序所在路径和 Windows 98 CD-ROM 所在位置，即可正确安装网卡驱动程序。

在正确地安装网卡后，需对网卡做一些相应的设置。点击“开始”，将鼠标移到设置选项，选择“控制面板”，双击“网络”图标选择好网卡，并按“属性”按钮后，选择资源会显示。

三个重要的网卡设置是“内存区”、“I/O 地址”以及“中断请求”。这些设置必需惟一配给网卡，并且不能为 PC 中的其他设备所占用，如果不这样，就会与其它的设备发生冲突（参见图 3-4）。

3.3.7 添加网络协议

我们都知道，网络中有许多节点，少则几个，多则成千上万。比如 Internet，它有数千万个节点，那么如何让网络中的各个节点有序地工作，这就需要网络协议。简单地说，协议负责将信息发送到指定的节点，事实上，我们可以把它当作网络世界中的“规则”，它控制着网络的一切，包括通信的格式、错误控制、定时以及序列化。也就是说，有了适当的协议，网络才能正常地工作，而且网络中的每台计算机必须安装相同的协议，例如，一般局域网使用：IPX / SPX 协议，而 Internet 使用 TCP/IP 协议。

下面，我们就对常用的三种协议 NetBEUI, IPX/SPX 和 TCP/IP 做一个简单的介绍。NetBEUI 是一个基本协议，它提供工作组及计算机的网络标识名，而且不需要配置网络地址，另外，NETBEUI 还有一些通信功能，在这里就不一一介绍了。有一点要说明的是该协议并不支持路由选择。

IPX / SPX 最早由 Novell 公司开发用于 Netware 网络的协议，它是可以进行路由选择的。Microsoft 很早就做出了 IPX / SPX 的兼容协议，它可以支持一些高级的功能，例如自动检测帧类型和网络地址等。在混合型网络中（如 Windows 98 及 Netware 网络），发挥着很大的作用。TCP/IP 全名为 Transmisstion Control Protocol/Internet Protocol，它是专门用于 Internet 的，也是 Internet 的核心技术之一，它包含许多协议，如 HTTP、 FTP 等。也可以在局域网中使用它。它要求每台计算机有 IP 地址，标识计算机在网络中的位置，即一个 32 位整数。

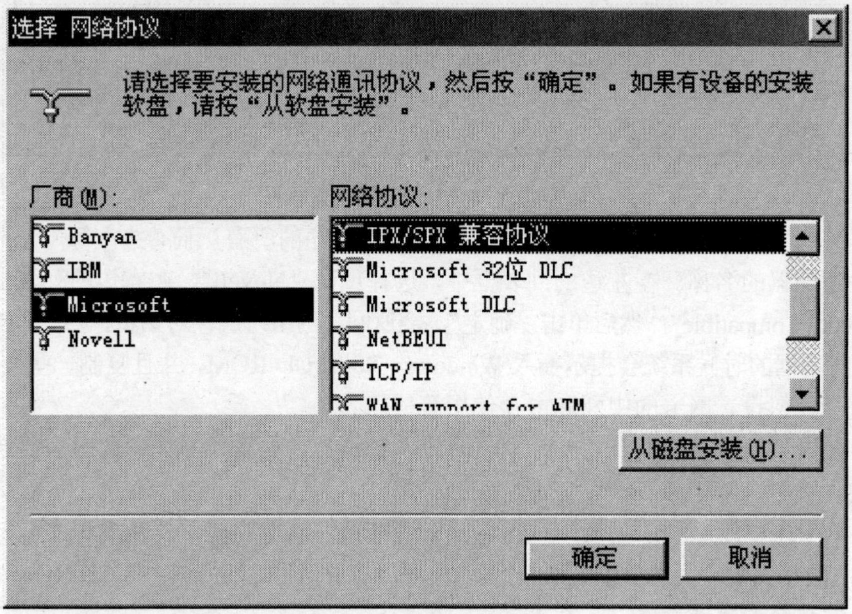

图 3-6 选择网络协议

我们要组建的是局域网，所以必须安装 IPX / SPX 协议和 NetBEUI 协议。不仅如此，我们还要在这个局域网中共享访问 Internet 资源，所以也要具备 TCP/IP 协议。

在控制面板上双击“网络”，然后点击“添加”按钮，会出现一个“请选择网络组件类型”对话框（如图 3-1），然后选取“协议”，点击“添加”按钮，出现“选择网络协议”对话框（参见图 3-6）。

与添加适配器的对话框类似，左列表框列出了厂商，右列表框列出了左边选取的厂商对应的协议名称。

在左边的列表框中选取 Microsoft，右边的列表框选取要添加的协议——NetBEUI、IPX/SPX 及 TCP/IP。此步骤可能要重复三次，因为每次只能添加一个协议。然后关闭“网络”对话框，放入 windows 98 CD-ROM，系统需要复制驱动程序文件到磁盘。

最后，重新启动计算机。

重新启动计算机之后，协议即已添加到系统中了，现在要做的是一些设置工作。下面将对新添加的三个协议分别进行介绍。

一、NetBEUI 的设置

添加协议后，已经重启计算机，此时，再进入“控制面板”，双击“网络”，会出现新的“网络”对话框，从这里开始设置 NetBEUI。

1．从“网络”对话框中选取 NetBEUI 协议，单击“属性”按钮。

2．“绑定”选项卡列出了在局域网中通用的组件。因为我们的目的是在网络中共享资源，且以 Microsoft 网络客户身份登录，所以我们需要选取“Microsoft 网络上的文件与打印机共享”和“Microsoft 网络用户”。

3．“高级”选项卡中，左边列表框是属性类型——“NCBS”和“最大的会话数”，右边列表框是设置值。“NCBS”指定网络协议块，以便识别最大数目的可以使用的 NETBIOS 命令。

“最大的会话数”指定可同时与本计算机连接的计算机的最大数目。此参数亦可在 PROTOCOL.INI 中的 sessions 二行指定。因为我们共有十台计算机，所以这里输入“9”。

二、IPX/SPX 的设置

进入“控制面板”，双击“网络”，开始设置 IPX/SPX 协议。步骤如下：

1．从“网络”对话框中选择“IPX/SPX 兼容协议”组件。然后单击“属性”按钮。

2．选取“NetBIOS”选项卡，其中有一个复选框“希望在 IPX/SPX 上启用 NetBIOS”，NetBIOS 提供了操作系统和网络协议之间的链接。一般情况下，此选项不必选中，但是如果网络中有需要 NetBIOS 支持的组件，则请使之有效。

3．进入“IPX/SPX 属性 高级”选项卡，与 NetBEUI 的“高级”属性类似，左列表框中选择欲修改的“属性”，右列表框是欲设置的值（参见图 3-7）：

- “强制平均长度数据包”。我们没有使用 Ethernet 802.3，这个选项可以设置为“没有显示”。
- “连接上限”。指定最大的连接数目，此处设为“10”。
- “套接字上限”，给出 IPX 指派的最大数目的 IPX 套接字。
- “网络地址”这是指定网络地址，是四个 0~255 的整数，可按需要设定。每台计算机的前三个数字最好相同，最后一个字节最好相邻，且需要注意的是一个字节不要取 0，255 或 127，它们是系统保留的。
- “源路由发送”仅用于“令牌环网络”，在这里无需设置。

● “帧类型”指定网卡使用的帧的类型，有 Ethernet　802.2，Ethernet 802.3，Ethernet Ⅱ，TokenRing 等。网络上所有的计算机设置为相同的帧类型可提高性能，在这里设为“Auto”即可。

4．进入“绑定”选项卡。与 NetBEUI 协议中的“绑定”属性类似，我们将“Microsoft 网络上的文件与打印机共享”和“Microsoft 网络用户”选项选中。

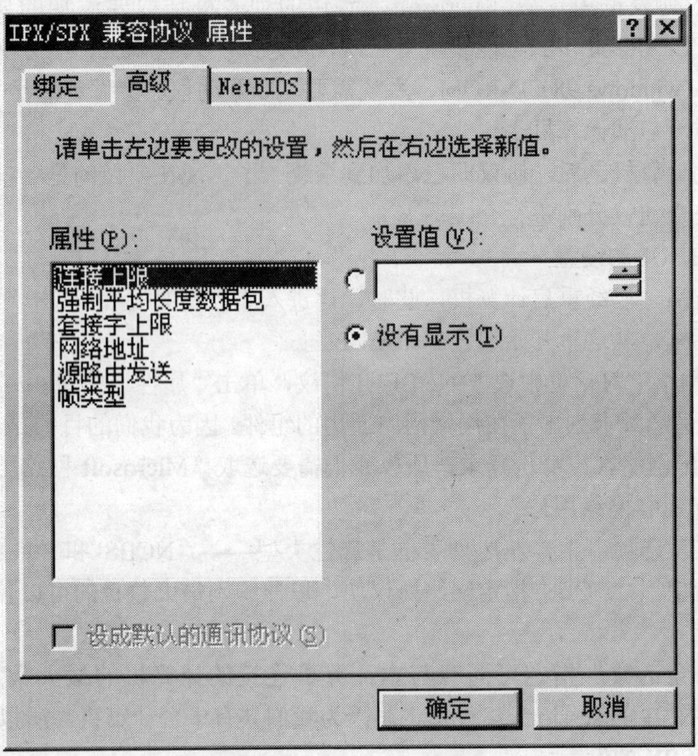

图 3-7　设置 IPX/SPX 协议属性

三、TCP/IP 协议的设置

TCP/IP 协议定义了网络上通信的方式。如果要在 Windows　98 的机器上配置 TCP/IP 协议，请使用以下步骤：

1．从“控制面板”上进入“网络”对话，选择“TCP/IP 协议”并单击“属性”，出现如图 3-8 所示的对话框，共有 7 个选项卡。

2．进入“IP 地址”　。由于我们使用的是局域网，没有 DHCP 服务器，所以应指定 IP 地址。选中“指定 IP 地址”单选按钮，这时“IP 地址”与“子网掩码”两项为有效。在 IP 地址栏内，填写您为本机设置的 IP 地址，然后填入子网掩码。在本例中，IP 地址是 202.10.10.1-202.10.10.10，因为只有 10 台机器，则子网掩码设为 255.255.255.0,如果您的网络中机器数量很多的话，请在“子网掩码”处填 255.255.0.0。它用来设置子网的容量，可设置的大小与 IP 地址有关。有两点需要注意：第一，IP 地址的第一个字节，不可以是“0”、“127”、“285”中的一个，它们为系统所保留。第二，在同一个网络中，每台计算机的 IP 地址必需惟一。

3．在“WINS 配置”选项卡中，选择“禁用 WINS 解析”，这个设置只有在 windows NT

服务器网络中才有用。

4．进入“网卡”选项卡，输入局域网中默认的 IP 路由器的 IP 地址。通常情况下，只有用专线连接 Internet 的计算机才需要设置。

5．在“绑定”选项卡中，设置在局域网中欲使用 TCP / IP 协议及组件，我们要选中“Microsoft 网络用户”。

注意：“高级”选项卡是空的，所以不需要设置其它的选项卡，在对等网中也不需要设置。

6．单击“确定”按钮，将设置保存。

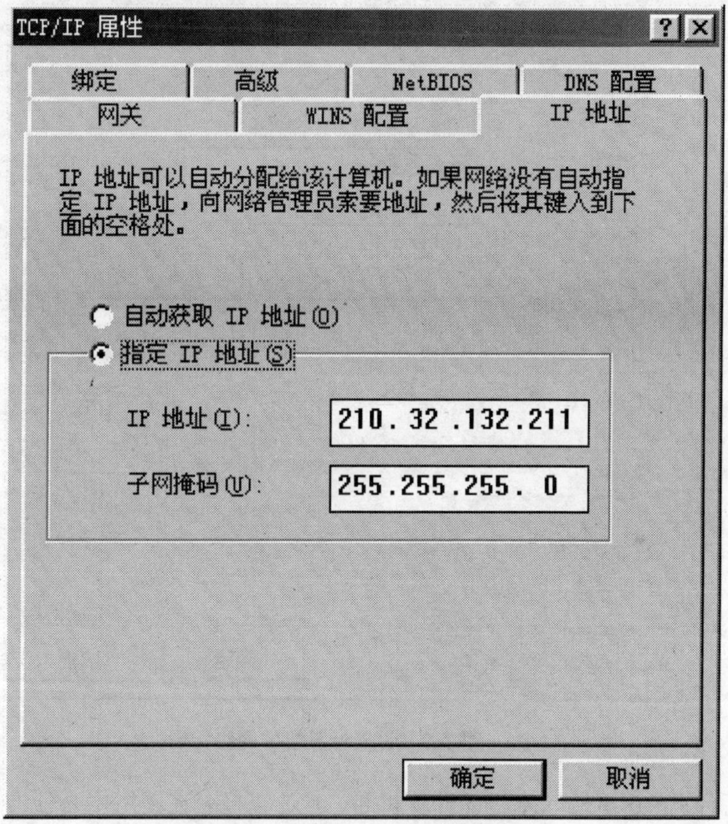

图 3-8　TCP/IP 协议属性设置

我们已经为每台计算机添加了 IPX/SPX、NetBEUI 和 TCP/IP 协议，它们在安装时，会自动绑定到本机已安装的网络适配器上。但有时为了达到某些要求，需更改网络适配器的绑定，请参考以下步骤：

1．从控制面板进入“网络”对话框，并选项欲更改“绑定”设置的适配器。

2．单击“属性”按钮。

3．进入“绑定”选项卡。

4．如果要禁用某一协议，则请去掉其复选标记。但需要注意的是，每台计算机应设置相同的“绑定”，否则会出现协议被禁用，甚至网络不可用的后果。还有一点，即如果某一适配器绑定的协议过多，会影响网络的性能。

在本例中，因为我们只是组建一个小型局域网，且协议只有 TCP/ IP，IPX/SPX 和 NetBUI 三个，所以无需更改绑定设置。

在网络中，与现实中的社会类似，每台计算机需要有一个名字（计算机名）和所属单位（工作组）。进入“网络”属性对话框，选择“标识”选项卡（见图 3-9）。

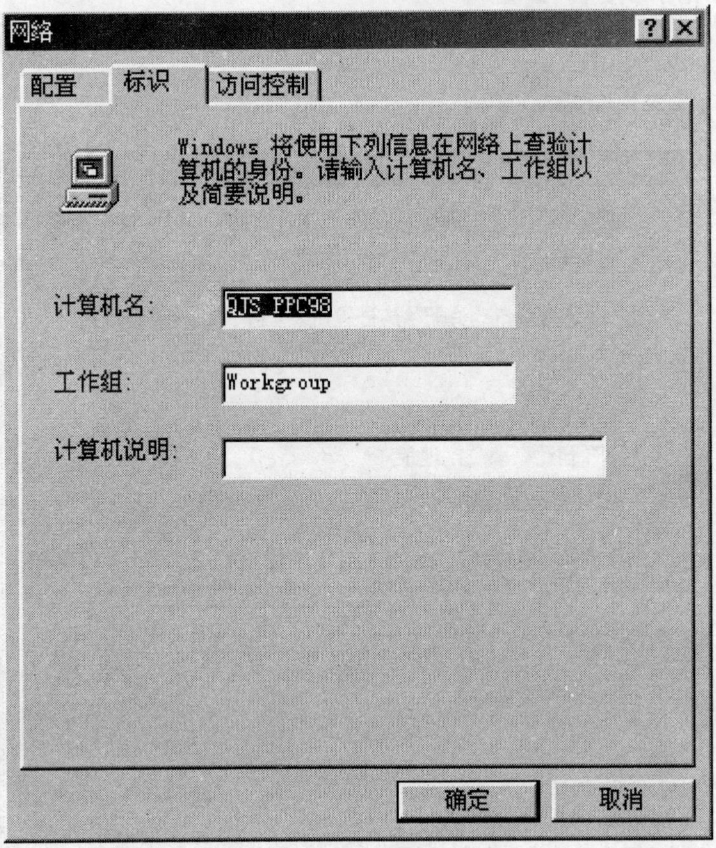

图 3-9　设置计算机的网络标识

1．计算机名。在这里输入本机的计算机名，且计算机名在网络中必须惟一，以便和其他计算机相区分，计算机名可以采用数字和字母，最长为 15 个字符，且中不可有空格。在网络中，需要些标识来向其他计算机发送或接收来自其他计算机的短消息。在本章的范例中，计算机标识为 PC01-PC10。

2．工作组。工作组是用于在网上逻辑划分计算机的，你可以将每一个部门的计算机归入一个工作组，以便于管理，另外，顺便提一句，Windows 98 附带的发送短消息的功能亦可以发向某一整个工作组，使其成员同时接收到消息。在本例中，工作组统一设为“MYCOMPANY”。

3．计算机说明。此字段中可填写计算机的基本情况，以便为别人在网络中提供机的基本信息。

设置完毕后，按“确定”按钮，系统会重启计算机。现在，我们的网络适配器及一些需要安装的驱动程序已经安装并设置完毕，你可以在几台机器上安装对战游戏试试身手了。但我们组架这个对等网的目的并不是玩游戏，而是为了共享资源，这就需要设置访问控制。

在“网络”属性对话框中，进入“访问控制”选项卡，单击“共享组访问控制”，然后确定，重新启动计算机。此时“网上邻居”图标会显示在桌面上。

3.3.8 设置资源共享

前面已经向大家介绍过了，我们组建这个局域网的主要目的是共享资源，本节介绍如何设置资源共享。

首先必须安装文件和打印机共享服务，具体操作步骤如下：

1．选择“开始”→“控制面板”→“网络”→“属性”，进入“网络属性”对话框，单击“添加”按钮。

2．选择“服务”，并单击“添加”按钮（参见图3-10）。

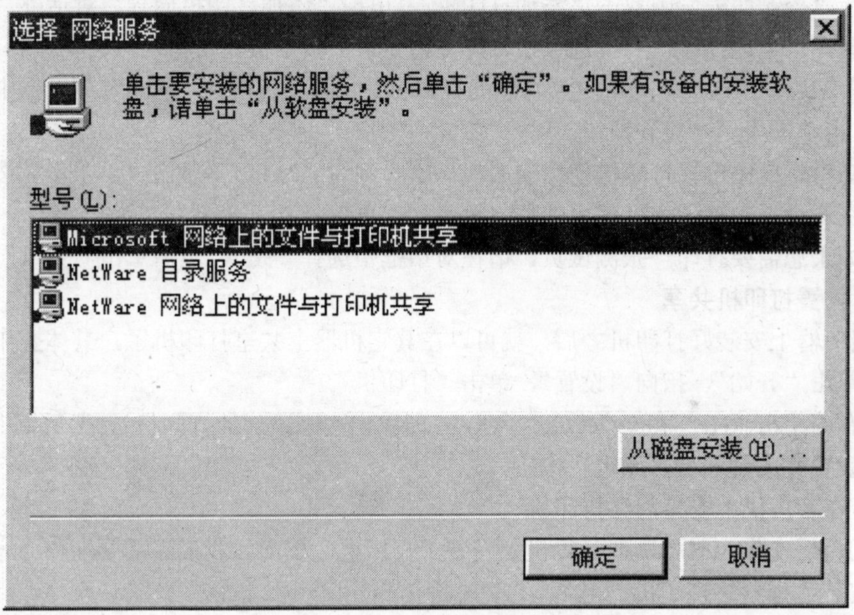

图3-10 选择网络服务

3．选择“Microsoft网络上的文件与打印机共享”。

4．单击“确定”按钮。

Microsoft网络文件和打印机共享即出现在“网络”对话框的“配置”选项卡中，现在我们要做的是启动该服务，步骤如下：

5．单击“文件及打印共享”按钮。

6．将两个复选框均设为“有效”，这样就可以让别人在网络中共享本机的资源了。

7．单击“确定”按钮。

之后系统会要求重新启动计算机，若要让别人访问到数据，还需做进一步设置，我们将在下面为大家介绍。

一、共享驱动器和文件夹

我们已经在Windows 98中安装了“Microsoft网络上的文件和打印机共享”，这样，只需稍作设置，即可实现共享驱动器和文件夹。

1. 打开“资源管理器”，将欲设置共享权限的文件夹或驱动器选中。

2. 右键单击选定的驱动器或文件夹，会弹出一个快捷菜单，单击“共享”选项，即出现该文件夹的属性对话框。

3. 在“共享”选项卡中，将单选项“共享为”选中，则其下的两个字段变为“有效”，在“共享名”字段内输入该驱动器或文件。

二、共享打印机

如前所述，我们组建的局域网中有一项重要的功能就是在网络中共享打印机。

在局域网中，计算机 PC01 配置了打印机，我们可以通过网络将其它计算机上的文档打印到这台打印机上。

首先，需要在 PC01 计算机上安装打印机驱动程序。

1. 在“控制面板”中双击“添加打印机”，出现“添加打印机向导”对话框。

2. 选择“本地打印机”单选按钮，再单击“下一步”按钮，出现对话框。

3. 在左边“生产商”列表中选择您的打印机的厂商，在右边“打机”列表框中选择打印机型号。再单击“下一步”按钮。

4. 在对话框中选择打印机使用的端口，本实例为 LPT1。再单击“下一步”按钮。

5. 在对话框中输入您欲使用的打印机名称，再单击“下一步”按钮。

6. 如果您需要打印一张测试页，请在对话框中选择“是”，然后单击“完成”按钮。

三、设置打印机共享

在服务器上安装好打印机之后，就可以在其它机器上共享打印机了，具体操作如下：

1. 单击“开始”，指向“设置”，单击“打印机”。

2. 右键单击“HP　LaserJet 6L　PCL”（即我们刚刚添加的打印机），然后单击“共享”。

3. 设置完成后单击“确定”按钮。

四、在客户机上安装网络打印机

我们已经在作为服务器的计算机上安装了打印机，下面，我们还需要在作为客户机的计算机上安装远程网络打印机。

1. 单击“开始”，指向“设置”，然后单击“打印机”。

2. 单击“添加打印机”图标。进入添加打印机向导，在选择打印机类型处选择“网络打印机”。单击“下一步”按钮。

3. 在“网络路径或队列名”处按“计算机名/打印机共享名”的格式输入打印机的位置。单击“下一步”按钮。

4. 在驱动程序列表中选择打印机型号（HP LaserJet 6L PCL）。单击“下一步”按钮。

5. 输入打印机名，如果您的计算机上安装了多台打印机，在这里还可以选择是否把新添加的打印机设置为默认打印机。最后单击“完成”按钮。

3.4 实验报告

1. 写出网络电缆的制作方法；

2. 写出网卡驱动程序的名字、所用的网络协议以及协议参数（如 IP 地址等）；

3．通过互连的计算机互相访问对方的共享文件；

4．通过网络打印机打印文档。

3.5 实验相关知识

将计算机互相连接在一起的模式通常有以下两种：

一、对等网

对等网是非结构化地访问网络资源。对等网中的每一台设备可以同时是客户机和服务器。网络中的所有设备可直接访问数据、软件和其他网络资源。换言之，每一台网络计算机与其他连网的计算机是对等（peer）的，它们没有层次的划分。

对等网主要针对一些小型企业，因为它不需要服务器，所以对等网成本较低，但它只是局域网中最基本的一种，许多管理功能不能实现。它可以使职员之间的资料免去了用软盘拷贝的麻烦，对于规模较小公司，这些有限的功能足够满足他们的要求。

对等网络有 4 个主要的优点：

1．对等网络相对较容易实现和操作。它只不过是一组具有网络操作系统允许对等的资源共享的客户计算机。因此，建立一个对等网络只需获得和安装局域网的一个或多个集线器、计算机、连接导线以及提供资源访问的操作系统就可以了。

2．对等网操作的花费较少。它们不需要昂贵、复杂、精密的服务器和服务器需要的特殊管理和环境条件。实际上，没有精密的服务器也免除了人员配备和训练及维护费用，同时也不需要为服务器建立一个温度可调节的房间。从理论上说，位于桌面上的每一台计算机只需要由它的使用者来维护。

3. 对等网络可使用人们熟悉的操作系统来建立，例如 Windows 95、Windows NT 和 Windows for Workgroup。

4．对等网由于没有层次依赖，因此，它比基于服务器的网络有更大的容错性。从理论上说，客户机/服务器网络中的服务器是一个单故障点。单故障点是可以影响整个网络的弱点。而在对等网络中，任何计算机发生故障只会使网络资源的一部分变为不可使用。

对等网络也有许多弱点，它在安全性、性能和管理方面存在很大的局限性。对等网络在安全性上存在的问题是：

1．用户必须保留多个口令，以便进入他们需要访问的计算机。

2．由于缺少共享资源的中心存储器，增加了用户查找信息的负担。如果工作组的成员都同意，这个困难可用一定的方法和过程来克服，用户倾向于设计有创造性的方法来处理口令过多的情况，但大多数方法会直接破坏对等网络中计算机的安全性。

3．和网络资源一样，安全性也是平均分配的。对等网络中的安全性通常由通过用户名和口令验证用户身份，验证对特定资源的访问权组成。只有“管理员”才能定义网络中所有用户的权限结构。注意，虽然在对等网络中每台计算机的用户都可作为计算机的管理员，但这些用户很少精通管理的知识和技术，也很少有全面的管理技能和水平来进行始终如一地管理，这是对等网络的一个缺点。

4．不幸的是，技术也不是均匀分布的。因此，网络的安全性往往和为数不多的技术人员的技能和能力密切相关。用于说明这种情况的一个比喻是一个链。链的强度只能以最薄弱的环节的强度来计。对等网络中的安全性也只能与最弱的对等终端一样。

虽然对等网络中管理员的负担要比客户机 / 服务器网络中轻得多，但这种负担是加在用户身上的。例如：不协调的，也可能高度不一致的数据和软件的备份。因为每个用户负责自己的计算机，因此他们很可能都是在空闲时执行备份。

另外，分散了强化文件名约定存储位置的责任。由于没有存储信息的中心存储器或局域网资源的组织逻辑，因此，当前存储了什么信息，信息存储在哪里是个难题。和对等网络中的其他事务一样，整体的效率直接取决于所有参与者对方法和过程的支持程度。

最后，性能也受影响。在对等网络中，每台机器都是多用户机器。一般情况下，网络中的计算机较适合作为单用户的客户机使用，而不是多用户计算机。因此，当远程用户登录并共享资源时，机器的性能受到很大的限制。文件的可用性与主机的可用性是一致的。换言之，如果计算机的主要用户离开办公室并拉开电源，则网络计算机的其余用户就不可能使用它的资源。这一点可通过将所有计算机的电源一直打开来避免，但是这样做也会发生诸如安全性等问题。另外，网络性能更微妙的方面是可扩展性。对等方法是固有的非扩展性的，对等连接的越多，网络管理越难。

二、客户机/服务器网络

客户机 / 服务器网络又叫服务器网络，在客户机/服务器网络中，计算机划分为服务器和客户机。基于服务器的网络引进了层次结构，它是为了适应网络规模增大所需的各种支持功能设计的。通常将基于服务器的网络都称为客户机/服务器网络。

客户机 / 服务器网络应用于大中型企业，可以实现数据共享，对财务，人事等工作进行网络化管理，并可以开网络化会议。还可以提供 Internet/Intranet Web 信息服务，其中包括 FTP、GOPHER、WWW 等功能，几乎是一种近乎完美的局域网构架方案。但它需要一台或多台高档服务器，所以成本较高。但对于企业而言，它的功能对提高企业的工作效率及方便业务工作将带来极大的促进，这远远超过了对它的投资。

客户机可以使用无盘工作站。无盘工作站就是没有硬盘和软驱，操作系统和外存空间均依靠服务器的客户机。无盘工作站利用网卡上的启动芯片与服务器连接，获得启动所需的客户机操作系统，然后使用服务器的硬盘空间进行资源共享。

实验四　网络互连实验一　局域网互连

4.1　实验目的

通过一个实际的网络互连操作，了解网络互连的初步概念和方法。

4.2　实验要求

进行一个简单的局域网互连。将一个 NT 网络与 NOVELL 网络进行互连，希望能够使用一个通过两块网卡的网桥来实现网络分割，同时实现单台 Windows 工作站访问任何一个局域网，并对网络的文件系统进行操作和互相交换数据。

4.3　实验步骤

1. 在 Windows NT 机器上安装两块网卡；
2. 在 Windows NT 机器上安装协议；
3. 在 Windows NT 机器上安装 Netware 网关服务。

下面详细介绍这些步骤。

4.3.1　安装网卡

首先我们必须准备一台充当网桥的计算机 A 和两块网卡，计算机 A 上的操作平台为 Windows NT。

1. 将两块网卡装上计算机 A。

2. 将计算机 A 上的网卡 1 与 NT 网络用网线连接起来，将网卡 2 与 Novell 网用网线连接起来，以保证物理通路上的连接。

3. 右击网上邻居网络，选择属性，显示出对话框如图 4-1。

4. 选择适配器，选择添加，把两块网卡添加到计算机上，重新启动计算机（见图 4-2）。

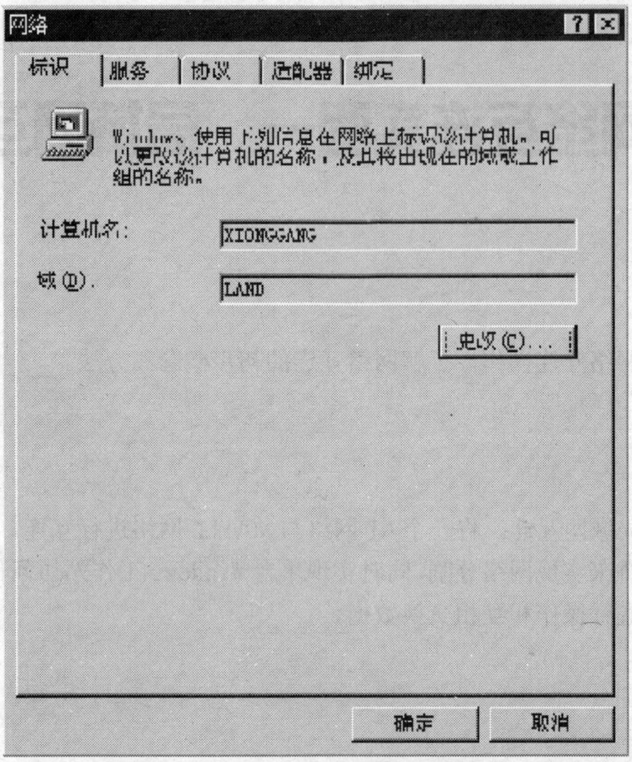

图 4-1　网络属性对话框

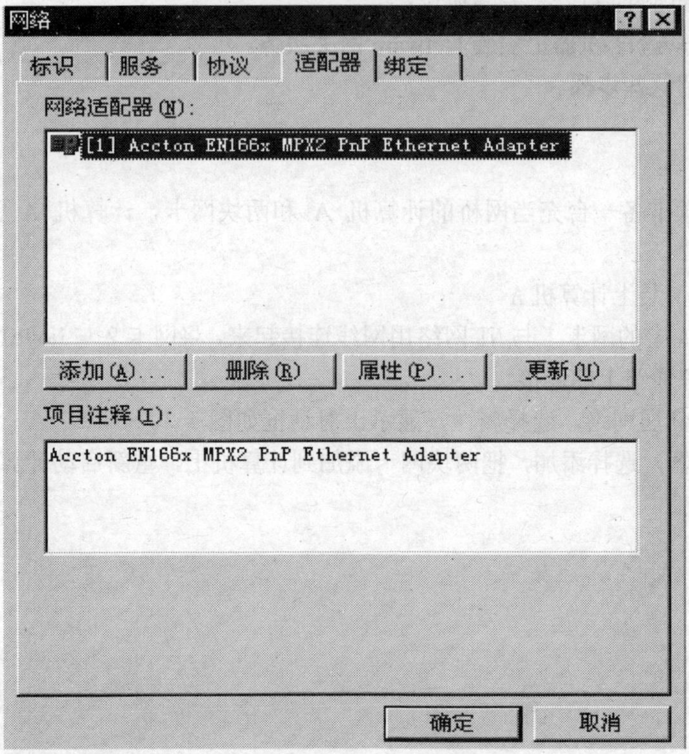

图 4-2　安装两块网卡的驱动程序

4.3.2 安装协议

1．为计算机添加协议：TCP/IP 和 SPX/IPX。如果只要与 Novell 网通信，则只要安装 IPX/SPX 协议（参见图 4-3）。

2．添加完 TCP/IP 后，选择 TCP/IP 协议，再点击属性按钮，进入配置 IP 地址对话框（参见图 4-4）。

3．下面对两块网卡配置 IP 地址：配完第一块后，在适配器下拉框选择第二块网卡，再对其的 IP 地址进行配置，注意此处配置 IP 地址应当网卡 1 的 IP 属于 NT 网，而网卡 2 的 IP 应当属于 Novell 网（如果 Novell 网不使用 TCP/IP 协议，则不需要设置该卡的 IP 地址）。

4．选择 TCP/IP 属性当中的路由选择页面，选中启用 IP 转发复选框。

5．当 IPX/SPX 协议安装好后，便可以配置协议参数。一般情况下，缺省设置已经能满足要求，但安装后还可以进行修改。可按下面的方法来配置 IPX/SPX 协议：

①在控制面板上，选择“网络”选项。

②在“网络设置”对话框的“已安装的网络软件”列表中选择“NWLink IPX/SPX Compatible Transport Protocol”，然后点击“配置”按钮。

③在出现的“适配器”对话框中，选择要配置的网卡名。

④在“帧类型”对话框中，为 IPX/SPX 包指定帧类型，如 Ethenet 802.2、Ethenet 802.3 等，然后单击“确定”按钮。缺省状态下，协议会自动检测帧类型。

⑤在“网络设置”对话框中，单击“确定”按钮。

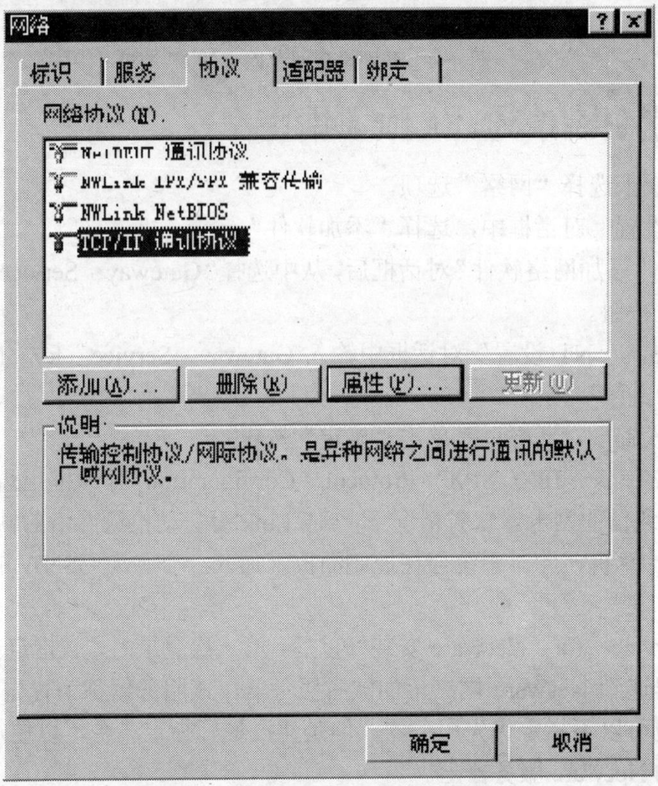

图 4-3 安装 TCP/IP 和 IPX/SPX 协议

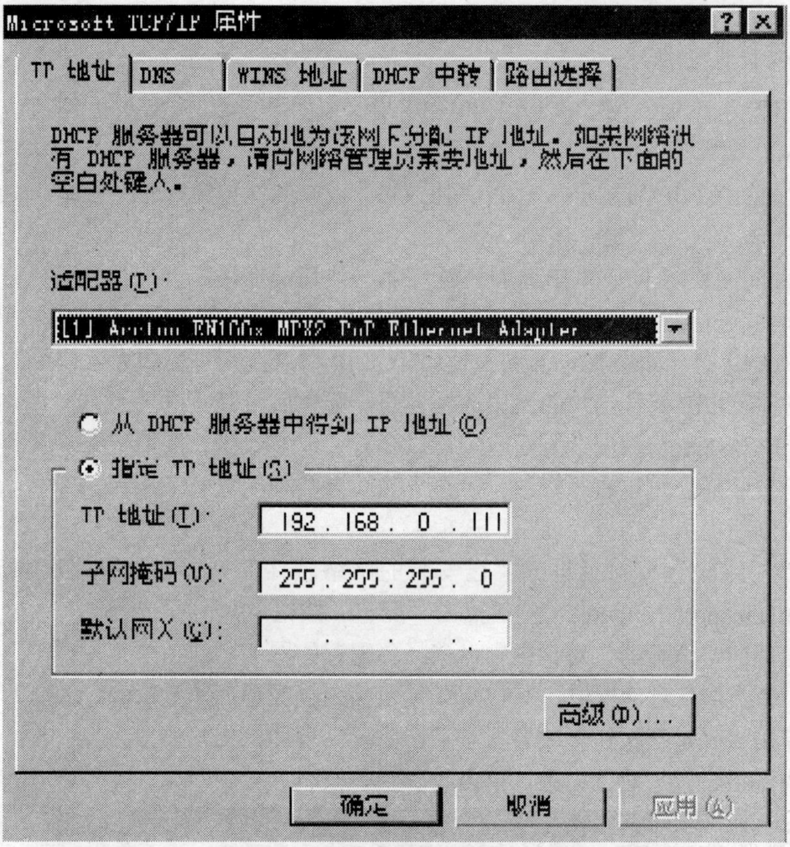

图 4-4　分别设置两个网卡的 IP 地址

4.3.3　安装与配置 Gateway Service for NetWare

1．在控制面板上选择“网络”选项。

2．在“网络设置”对话框中，选择“添加软件”。

3．在系统弹出“添加网络软件”对话框后，从中选择“Gateway Service for NetWare”，然后单击“继续”按钮。

4．在“Windows NT 设置”对话框中输入 Gateway Service for NetWare 文件的安装路径，并单击“继续”按钮。

5．在“网络设置”对话框里，单击“确定”按钮。

6．如果“NWLink IPX/ SPX Protocol Configuration”对话框出现，则从中指定与 NetWare 网络进行通信的网卡。缺省情况下，NWLink 会自动检测网卡的帧类型。

7．重新启动计算机，此时系统会在控制面板上加入一个名为 GSNW 的图标。

Gateway Service for NetWare 安装好以后，第一次登录时，应指定一台 Netware 服务器作为 NT 服务器连到 NetWare 网络上的缺省服务器，该服务器称为优先服务器（Preferred Server）。当然，也可以不指定优先服务器，但是建议最好指定一台，以便每次登录都能正确登录到所要访问的 NetWare 服务器上。

安装 NetWare 优先服务器时，从“选择优先 NetWare 服务器”列表中选择一个 Netware

服务器即可，或者直接在服务器文本框中输入服务器名也可以。

如果不指定优先服务器，那么在“选择优先 NetWare 服务器”列表中选择“None”即可。这种情况下，每次登录时 Gateway Service for NetWare 会试图与最近的 Netware 服务器相连，所以每次所登录的 NetWare 服务器可能有所不同。

4.4 实验报告

1．写出安装 Windows NT 时所使用的网卡驱动程序名。
2．分析通过双网卡互连的特点。
3．通过 Windows NT 与 Novell 互连后，Windows 用户如何访问 Novell 的文件资源。
4．考虑一下，互连之后，Novell 的用户如何访问 Windows NT 的文件资源。
5．比较一下，在 NT 上安装 Netware Client 和安装 Gateway for Netware 有什么不同。

4.5 实验相关知识

网络互联有多种可选择的形式，需要用户根据自己的需要加以分析和选择。从采用的网间互联设备上看，有使用网桥和使用路由器之分；从运行的网络协议上看，有使用 IPX/SPX、TCP/IP 和 AppleTalk 之分。不同形式和不同协议的网络互联，有各自的特点，用户应对此有所了解。

4.5.1 网桥的工作原理

下面介绍网桥的功能和作用。网桥是一种网内连接设备。它可以连接两个或更多的网段，以实现多个网段间的通信。它还能过滤不必要的信息，从而降低了网络负载，平衡了网段的信息量。除此之外，网桥还可以作为网间连接设备，连接两个网络。

网桥工作在数据链路层，与各个网络所使用的网络协议无关，因此在使用网桥时不必关心正在使用的协议。当网桥接收到一个数据包时，就对数据链路报头内的信息进行检查，如果发现数据包的接收方和发送方在桥接器的同一方，就将该数据包丢弃，否则将该包继续向前发起。有些网络协议是不能进行路由选择的；当将使用这些协议的网络互联时，就必须使用桥接器。例如， DEC 的 LAT 网络协议是不能进行路由选择的，当将多个 DECnet 互联时，就不要用网桥来连接。

正如前面介绍的，网桥工作在数据链路层，属于一种网内连接设备。因此，使用网桥连接起来的互联网络从理论上讲是一个网络。这就要求使用网桥时，必须将其两边所联网络的地址配置为相同。图 4-5 显示了使用网桥将两段以太网连在一起构成的一个规模更大的互联网络，其中两个网段的网络号是相同的。

注意：在 NetWare 网络中配置 IPX 协议时，必须将同一逻辑网络中的所有服务器上的外部网络号配置为相同，否则会在 NetWare 服务器控制台上显示出如下错误信息：“Route Configuration Error－Router XXXXX Claims that LAN X is XX-XX-XX-XX”。这将影响到用户与服务器之间的通信。

例如在图 4-5 所示的网络中，配置服务器 A 时将其网络号指定为 8022，而在配置服务器

B 时却将其网络号指定为 8023。当网络工作时，服务 A 控制台上便会显示： Route Configuration Error — Router 0000E8C41906 Claims that LAN 8022 is 00008023"。这里的 0000E8C41906 是服务器日的网卡地址。

因此，在图 4-5 所示的网络中，当数据从网桥一侧的计算机传输到网桥另一侧的工作站时，实际上是在一个网络中进行传输。

注意：许多人在安装 IPX 桥接网络时会出现失误，因为他们为网桥两边的服务器分配了不同的网络地址。这种情况可能是由于使用 NetWare 路由器时，对容易使人误会的"网桥"产生了误解。NetWare 2.1x 所包含的"外部网桥"软件在"网桥"的两边需要不同的网络地址，然而它之所以需要不同的网络地址是因为"外部网桥"软件实际上是路由器软件。通过 Netware 服务器内部双网卡（内桥）连接的两个网络也需要两个不同的网络地址。

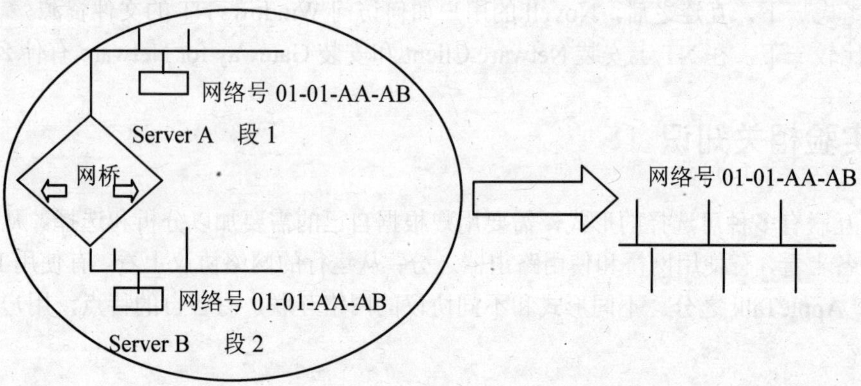

图 4-5 网桥的工作原理

在使用网桥的互联网中也可以支持 UNIX 工作站，如图 4-6 所示。图中在两个网段 A 和 B 上分别配置有 UNIX 工作站。值得注意的是分配给 UNIX 工作站的 IP 起始地址和网络起始地址相同，都为 130.57，但是主机地址不同，分别为 10.1 和 10.2。为什么要给网桥的两边分配相同的起始地址呢？这是因为网桥是根据 MAC 数据链路层的地址而不是根据网络的地址来转送数据包的。网桥连接的是分离的网络段而不是分离的网络。两台 UNIX 工作站 IP 地址前面相同，表明它们处于同一逻辑网络中。但是数据最终要传送到网中的某一台计算机中，这时就需要根据其主机地址来区分了。

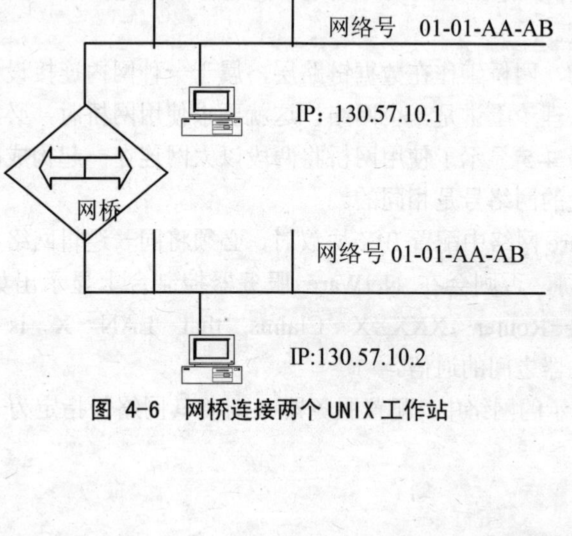

图 4-6 网桥连接两个 UNIX 工作站

由于网桥连接的网络实际是一个网络，数据的传送未经路由，故互联容易实现。网桥适用于两三个小型网络的互联。对于大型网络或多个网络的互联，采用网桥来实现就会变得困难，而且由于网络规模过大会带来速度和管理上的问题。这时，网络互联就需要使用路由器了。

网桥在 OSI 模型中的作用如图 4-7 所示：

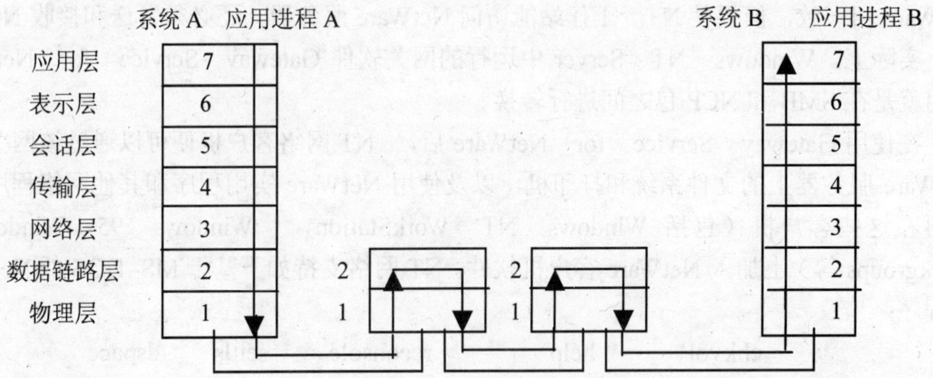

图 4-7 网桥的工作层次

4.5.2 NT 与 Novell 的互联

随着 Window NT 服务器和 Windows NT 工作站等产品的不断普及，NT 网络已经成为 NetWare 网络的重要竞争对手。在很多场合下，用户可能需要将 NT 网络与 NetWare 网络连接在一起，以更加充分地利用网络资源。

一、NetWare 网络与 Widows NT 网络互联的方法

Microsoft 公司于 1994 年 10 月推出的 Windows NT 3.5 及其后推出的 4.0 版产品中，NT 网络都可分为服务器（Server）和工作站（WorkStation）两种版本，即 Windows NT Server 和 Windows NT WorkStation 两种版本。通常，在一个 NT 网络中既有服务器又有工作站。NT 的产品，不论工作站或服务器，都支持多种网络协议，如 NETBEUI、TCP/IP 和 IPX/SPX 等。

Microsoft 公司重视与 NetWare 产品的连通性，NT 网络在这方面取得了较大的进步。目前，NT 网络中的工作站要访问 NetWare 服务器有以下两种方式：

①作为 NetWare 服务器的客户机访问。

②不作为 NetWare 服务器的客户机访问。其中，在作为客户机未访问 NetWare 服务器的方式中，工作站可以使用以下两种软件来实现：

- 使用 Novell 公司提供的 NetWare Requester for Windows NT
- 使用 Microsoft 公司自带的 Client Service for NetWare

在运行了上述两种软件中的任何一种后，工作站都成为 NetWare 服务器的一台客户机。此时对 Netware 服务器的访问与 Netware 的普通访问方式没有大多区别，这里将不作介绍。

在不作为客户机访问服务器的方式中，需将 Windows NT Server 作为网关使用，NT 工作站通过这个网关对 NetWare 服务器进行访问。

这种方式中使用的网关是通过在一台 Windows NT Server 上运行一个网关软件来实现的，这一软件是 Microsoft 公司的 Gateway Service for NetWare。

二、关于 Gateway Service for NetWare

在 NT 网络中，工作站与服务器之间的信息传递是通过服务器信息包 SMB 来实现的。在 Netware 网络中，信息是以 NetWare 核心协议 NCP 包形式传递的。为了使 NT 工作站能访问 Netware 服务器，需要使用相同的通信协议。如前所述，NT 本身支持 IPX/SPX 协议，这与 NetWare 相一致，但要使 NT 工作站能访问 NetWare 服务器，还必须发送和接收 NCP 包。

实际上，Windows NT Server 中运行的网关软件 Gatewav Service for NetWare 的作用就是在 SMB 和 NCP 包之间进行转换。

在使用 Gateway Service for NetWare 后， NT 网络客户机便可以通过该网关来访问 NetWare 服务器上的文件系统和打印机，以及使用 NetWare 实用程序和其他网络程序，而不必再在这些客户机（包括 Windows NT WorkStation， Windows 95，Windows for Workgroups 等）上加入 NetWare 客户机软件。NT 网络支持如下基于 MS- DOS 的 NetWare 实用程序：

chkvol	help	reconsole	settls	dspace
map	revoke	syscon	flag	ncopy
rights	tlist	flagdir	ndir	security
userlist	fconsole	pconsole	send	volinfo
filer	psc	session	whoami	grant
pstat	setpass			

除了支持基于 DOS 的应用程序外，NT 网络还有一套 32 位的图形用户管理工具，其中包括用户管理器、服务器管理器及用户公共脚本编辑器等。用户可以文件管理员，打印管理员或其他命令来共享 NT 网络的资源。

注意 Gateway Service for Netware 客户机不必运行客户软件就能使用户从 Windows NT 网络直接访问 NetWare 网络的资源。但是另一方面，使用 Gateway Service for NetWare 后的速度比直接使用 NetWare 客户机要慢得多，所以它运用于存取量不大的场合。

Windows NT 与 Netware，网络的连接是很多网络管理员要面对的问题。NT 与 NetWare 的连接有客户机与使用网关两种方式。 Gateway Service for Netware 就是连接这两种网络的一个工具，它在 NT 网络中的 SMB 信息格式与 Netware 网中的 NCP 格式之间进行转换，从而实现互联。由于 Gateway Service for NetWare 会降低网络速度，因而仅适于通信量不大的场合。

实验五　网络互连实验二　路由器配置

5.1　实验目的

通过安装和配置路由器实现两个局域网的互连，从而掌握局域网通过路由器互连的过程，以及路由器的安装和配置方法。

5.2　实验要求

路由器配置，将两个局域网通过一对路由器实现互连（如果有条件的话可以实验通过具体的通信链路，如 X.25,FR,DDN 等），注意了解路由器的配置，以及路由器的各种优秀性能，如支持多协议、多种传输介质、多种速率和链路备份等。可以是进行 NT 网络之间的互连，也可以是异种网络间的互连。没有条件的话也可以组织参观。

5.3　实验步骤

1．设计两个局域网的 IP 地址；

2．分配路由器的两个端口的 IP 地址；

3．安装路由器；

4．连接路由器至两个网络；

5．在客户机上设置网关地址，并通过路由器互相访问两个网络的资源。

下面以 Cisco 路由器为例，介绍路由器的安装和配置过程。

5.3.1　路由器安装

对于每一个路由器来说,都有一个控制台接口(Console)，管理员可以通过 RS-232 线缆把控制口和一个终端的主口连接起来，通过这个终端对路由器进行配置。

终端通讯参数设置为:

速度：9600 bps

起始位：1 位

数据位：8 位

停止位：1 或 2 位

校验：无

可以采用任何终端仿真软件来配置路由器。下面介绍如何在 Windows 环境下使用超级终端来配置路由器：

在开始→程序→附件→超级终端→Hypetrm ，设定名称为 Cisco,再选择一个图标。

点击确定后，选择通信端口，并选择波特率为 9600bps。最后把设置的内密保存在 Cisco 文件里。下一次直接从超级终端 Cisco 中启动。

第一次使用路由器，系统会自动进入安装向导：

待终端通讯参数设置完毕后,接好路由器控制台,请先打开终端电源，后打开路由器电源，之后就进入初始配置了.屏幕出现(以 Cisco 2501 为例):

System Bootstrap, Version 5.2(5), RELEASE SOFTWARE
Copyright (c) 1986-1994 by cisco Systems
2500 processor with 2048 Kbytes of main memory

大约停顿 1~2 分钟,系统调入 boot,请耐心等待:

F3: 3996764+54172+225404 at 0x3000060

Restricted Rights Legend
Use, duplication, or disclosure by the Government is
subject to restrictions as set forth in subparagraph
(c) of the Commercial Computer Software - Restricted
Rights clause at FAR sec. 52.227-19 and subparagraph
(c) (1) (ii) of the Rights in Technical Data and Computer
Software clause at DFARS sec. 252.227-7013.

cisco Systems, Inc.
170 West Tasman Drive
San Jose, California 95134-1706

Cisco Internetwork Operating System Software
IOS (tm) 2500 Software (C2500-I-L), Version 11.2(1), MAJOR RELEASE SOFTWARE (fc1)

Copyright (c) 1986-1996 by cisco Systems, Inc.
Compiled Mon 30-Sep-96 12:07 by ajchopra
Image text-base: 0x030215A4, data-base: 0x00001000

cisco 2500 (68030) processor (revision D) with 2048K/2048K bytes of memory.
Processor board ID 02327592, with hardware revision 00000000
Bridging software.
X.25 software, Version 2.0, NET2, BFE and GOSIP compliant.
1 Ethernet/IEEE 802.3 interface(s)
2 Serial network interface(s)
32K bytes of non-volatile configuration memory.
8192K bytes of processor board System flash (Read ONLY)

Notice: NVRAM invalid, possibly due to write erase.

— System Configuration Dialog —

At any point you may enter a question mark '?' for help.

Use ctrl-c to abort configuration dialog at any prompt.

Default settings are in square brackets '[]'.

Would you like to enter the initial configuration dialog? [yes]: ***return***

此时系统询问是否要进入初始化配置？默认"是"。按回车。

然后系统一步一步提示：

First, would you like to see the current interface summary? [yes]: ***return***

首先,你是否想看一下当前端口的状态?默认"是"。

Any interface listed with OK? value "NO" does not have a valid configuration

下面会列出当前路由器所具有的硬件配置(包括局域网口和广域网口,以及个端口当前状态等等。)

Interface	IP-Address	OK?	Method	Status	Protocol
Ethernet0	*unassigned*	*NO*	*unset*	*up*	*down*
Serial0	*unassigned*	*NO*	*unset*	*down*	*down*
Serial1	*unassigned*	*NO*	*unset*	*down*	*down*

Configuring global parameters:

Enter host name [Router]: ***JSRouter***

设置系统名,如 *JSRouter*.

The enable secret is a one-way cryptographic secret used

instead of the enable password when it exists.

Enter enable secret: ***cisco***

设置进入 priviledged EXEC 的密码，该密码必须记住，否则以后无法修改配置。

The enable password is used when there is no enable secret

and when using older software and some boot images.

Enter enable password: cisco1 (1)

Enter virtual terminal password: ***cisco***

设置进入虚拟终端登录到路由器的口令,即远程登录(telnet)的口令

*Configure SNMP Network Management? [yes]:****Return***

是否设置简单网管协议?

*Community string [public]:**Return***

*Configure IP? [yes]:**Return***
是否设置 IP 协议?
*Configure IGRP routing? [yes]:**Return**)*
是否设置 IGRP 路由协议?
*Your IGRP autonomous system number [1]:**Return***
你的 IGRP 路由协议自治系统号(AS),默认为 1.

Configuring interface parameters:
下面配置端口参数

*Configuring interface Ethernet0:**Return***
*Is this interface in use? [yes]:**Return***
*Configure IP on this interface? [yes]:**Return***
*IP address for this interface: **1.1.1.1***
*Number of bits in subnet field [0]:**Return***
Class A network is 1.0.0.0, 0 subnet bits; mask is /8
以上是配置以太口 0,假设 IP 地址是 1.1.1.1,掩码是 255.0.0.0.

*Configuring interface Serial0:**Return***
*Is this interface in use? [yes]:**Return***
*Configure IP on this interface? [yes]:**Return***
*Configure IP unnumbered on this interface? [no]:**Return***
*IP address for this interface: **2.1.1.1***
*Number of bits in subnet field [0]:**Return***
Class A network is 2.0.0.0, 0 subnet bits; mask is /8
以上是配置串口 0,假设 IP 地址是 2.1.1.1,掩码是 255.0.0.0.

*Configuring interface Serial1:**Return***
*Is this interface in use? [yes]: **no***
以上是当不需要用串口 1 时,请敲入 no.

下面系统将显示刚才配置的内容，请你确认:
The following configuration command script was created:

hostname JSRouter
enable secret 5 1Bv.r$j/Zm2B6jw9UTQPxLGZjAz.
enable password cisco1

line vty 0 4
password cisco
snmp-server community public
!
ip routing
!
interface Ethernet0
ip address 1.1.1.1 255.0.0.0
!
interface Serial0
ip address 2.1.1.1 255.0.0.0
!
interface Serial1
shutdown
no ip address
!
router igrp 1
network 1.0.0.0
network 2.0.0.0
!
end

Use this configuration? [yes/no]: ***yes***

确认当前配置后，把当前配置写入 NVRAM 中。这样以后开机自动把配置调入内存,不需要重新配置了。然后系统将生成新的配置：

Building configuration...
Use the enabled mode 'configure' command to modify this configuration.

Press RETURN to get started! ***return***

这时可以按 return 开始工作。然后系统开始启动，显示各个端口的工作状态：

%LINEPROTO-5-UPDOWN: Line protocol on Interface Ethernet0, changed state to down

%LINEPROTO-5-UPDOWN: Line protocol on Interface Serial0, changed state to down
%LINEPROTO-5-UPDOWN: Line protocol on Interface Serial1, changed state to down
%LINK-3-UPDOWN: Interface Ethernet0, changed state to up
%LINK-3-UPDOWN: Interface Serial0, changed state to down
%LINK-3-UPDOWN: Interface Serial1, changed state to down

%LINK-5-CHANGED: Interface Serial1, changed state to administratively down

%SYS-5-RESTART: System restarted --

Cisco Internetwork Operating System Software

IOS (tm) 2500 Software (C2500-I-L), Version 11.2(1), MAJOR RELEASE SOFTWARE (fc1)

Copyright (c) 1986-1996 by cisco Systems, Inc.

Compiled Mon 30-Sep-96 12:07 by ajchopra

JSRouter>

如果这时想修改配置，则输入 enable 命令:

JSRouter>enable

Password:(敲入密码,不反显的)

JSRouter#

这时提示符号为#，表示进入管理员级别，可以输入各种配置命令了。否则只能查看，很多命令不能使用。

另外，Enter enable password 这个口令是对于 IOS 10.2 以下版本适用,在 IOS 10.3 以上版本均使用 secret，不再用 password。在配置文件中，secret 是加密显示的。现在我们通常都在 IOS 10.3 版本以上，故无需 password 这个口令。password 和 secret 不能相同。

在初始配置中，默认的路由协议是 IGRP,若敲入 yes，则生成 IGRP 路由协议。假如不想使用 IGRP 协议，则打 No，在配置模式下(config)选择路由协议。

自治系统 (autonomous system)是一个域的概念.路由协议在一个自制系统中可以交换路由信息，而在两个自制系统之间是不能直接传递路由信息的，必须通过类似网际路由协议才能互相通讯。这样就大大地缩小了路由表，减少它占用的带宽量，使网络具有扩展性。

Number of bits in subnet field [0]——掩码子网的位数.举例说明:

掩码为 255.0.0.0 的掩码子网位数是 0，掩码共 8 位

掩码为 255.255.0.0 的掩码子网位数 8，掩码共 16 位

掩码为 255.255.255.0 的掩码子网位数 16，掩码共 24 位

掩码为 255.255.255.252 的掩码子网位数 22，掩码共 30 位

Cisco 命令系统是即时生效的，也就是说，配置完后立即执行，但若不写入 NVRAM 中，关掉电源后就会丢失。你若想保留更改的配置，请敲入 write 命令。

5.3.2 用户界面

网际操作系统(IOS)用户接口提供了几种不同的命令访问模式，每一个命令模式提供了一组相关的命令。

为安全起见，IOS 提供了两种命令访问级别：User 和 Priviledged。无优先级的，用户模式称作 User EXEC 模式，而 Priviledged EXEC 被称作超级用户模式，需要有口令才能进入。用户模式下的命令集是超级用户下命令集的子集。

在超级用户级别下，你可以进入配置模式和其下的十个特定的配置模式：interface，subinterface，controller，hub，map-list，map-class，line，router，ipx-router，router-map 等配置。

大多数系统配置命令都有 no 的形式，通常用 no 来取消掉一个配置过的命令。另外，在各种模式下的命令均可以用 ? 来查找自己所需的命令。

一、User EXEC 模式

当用终端上路由器后，系统直接进入 User EXEC 模式，它的命令是超级用户下的子集。通常，User EXEC 模式命令可以连接远端路由器，完成基本测试和系统信息显示。

在 User EXEC 下的系统提示符是路由器名和后面紧跟的“>”号:

Router>

在此下面，用户可以“?”列出命令提示。

二、Priviledged EXEC 模式

为安全起见，像 UNIX 操作系统一样，在路由器的指令系统中，设定了一个超级用户模式，在这个级别下，用户可以更改配置，监控网络状态等等。

在 User EXEC 下,enable 进入超级用户下：

Router> enable

Password:

Router#

三、Global 配置模式

Global 配置模式是在超级用户下实现的，它下面还有十个子模式，针对不同的配置方式。

Router#configure terminal

Router(config)#

四、保存配置文件

Cisco IOS 的指令系统是配置完后即时生效的，但当关掉电源后会自动丢失。因此，要想保留已作的配置，必须在关机前把当前配置写入 NVRAM 中，下次开机时，自动从 NVRAM 中调入配置文件并执行：

Router#write memory

五、监控程序

在 Global 模式下，Cisco IOS 作了许多监控程序，它可以帮助用户调试，监控网络状态，性能等等：

Router# show ?

在 "?" 下有许多信息，帮助你找寻想要的命令。

例如：

Router# show conf 显示配置文件的配置

Router# show running-config 显示当前正在运行的配置

Router# show interface ethernet 0 查看以太口 0 的状态

六、slot/port

在 Cisco 7000/7500 路由器上，不同的端口是在不同的接口卡上的。故指定某一个端口必须包括槽口号和端口号。例如:interface serial 4/5 就表示串口卡在槽 4 上的第五个串口。

5.3.3 配置IP

一、指定一个网络接口的 IP 地址

一个 IP 标识了一个定位，使得 IP 数据包能被送出去。一些 IP 地址是预留的，它们不能作为主机，掩码或网络地址。下表列出了 IP 地址的范围，可以看出那些能被使用，那些是保留的。

类别	地址或范围	状态
A	0.0.0.0 1.0.0.0 到 126.0.0.0 127.0.0.0	保留 有效 保留
B	128.0.0.0 128.1.0.0 到 191.254.0.0 191.255.0.0	保留 有效 保留
C	192.0.0.0 192.0.1.0 到 223.255.254.0 223.255.255.0	保留 有效 保留
D	224.0.0.0 到 239.255.255.255	多目的地址
E	240.0.0.0 到 255.255.255.254 255.255.255.255	保留 广播

一个端口有一个主 IP 地址。指定一个端口的主 IP 地址和网络掩码，在端口配置模式中完成：

功 能	命 令
给一个端口指定一个 Primary IP 地址	**ip address** ip-address mask

通过软件可以支持多个 IP 地址在每一个端口上。你可以无限制的指定多个 secondary 地址，Secondary IP 地址可以用在各种环境下。

功 能	命 令
给一个端口指定多个 Secondary IP 地址	**ip address** ip-address mask **secondary**

二、配置 IP 过滤表

IP 过滤表能够帮助控制网上包的传输。主要用在以下几个方面：

- 控制一个端口的包传输
- 控制虚拟终端访问数量
- 限制路由更新的内容

软件支持下面几种形式的 IP 过滤表：

- 标准 IP 过滤表用源地址过滤
- 扩展 IP 过滤表用源地址和目的地址过滤，并且可以过滤高层协议如 Telnet，FTP 等等。

在 Global 配置模式下，定义标准的 IP 过滤表：

功 能	命 令
定义标准的 IP 过滤表	**access-list** access-list-number {**deny** | **permit** } source [source-wildcard]
用 any 来定义标准的 IP 过滤表	**access-list** access-list-number {**deny** | **permit**} **any**

在端口配置模式下，把某个 IP 过滤表加到端口上：

功 能	命 令
把某个 IP 过滤表加到端口上	**ip access-list** access-list-number {**in** | **out** }

三、监控和维护 IP 网络

清除缓存，表单和数据库。在 EXEC 模式下：

功 能	命 令
清除 IP ARP 缓存和快速交换缓存	clear arp-cache
在主机和地址缓存中去掉一个或所有实体	clear host {name | * }
清除一个活动端口累计通过的包数	clear ip accouting [checkpoint]
在路由表中去掉一个或多个路由信息	clear ip route {network [mask] | * }

显示系统和网络的状态。在 EXEC 模式下：

功 能	命 令
显示 ARP 表	show arp
显示名字缓存	show hosts
显示当前 IP 过滤表的内容	show ip access-list [access-list-number | name]
显示当前活动端口累计通过的包数	show ip accouting [checkpoint]
显示 IP ARP 表	show ip arp
显示某一个端口状态	show ip interface [type number]
显示目前的路由表	show ip route [address [mask]|protocol]
测试网络是否通	ping [protocol]{host |address}

5.3.4 配置 IP 路由协议

Cisco IOS 支持的协议有：

内部网关协议(它是在一个自治系统内部交换路由信息的路由协议)——IGRP，EIGRP，OSPF，RIP 和 IS-IS 等等。

外部网关协议(它是为连接两个或多个自治系统的路由协议)——BGP 和 EGP 等等。

一、选择路由协议的原则

选择一个路由协议是一个非常复杂的工作。在选择路由协议时，可参考以下几点：

- 网络的大小和复杂性
- 支持可变长掩码(VLSM)　(EIGRP，IS-IS，OSPF 和静态路由支持可变长掩码)
- 网络流量大小
- 安全需要

● 网络延迟特性

二、配置 IGRP

下面对 IGRP 特点和配置作一介绍。

内部网关路由协议(Interior Gateway Routing Protocol—— IGRP)是一个动态的，长跨度的路由协议，它是 Cisco 公司 80 年代中期设计实现的，在一个自治系统内具有高跨度、适合复杂网络的特点。

IGRP 的网络延迟、带宽、可靠性和负载都是可由用户配置决定的。IGRP 广播三种类型的路由:内部的、系统的和外部的。如图 5-1 所示，内部的路由是在一台路由器的端口上连接子网的路由。如果一台路由器连接的网络是非子网的，IGRP 就不广播内部路由。

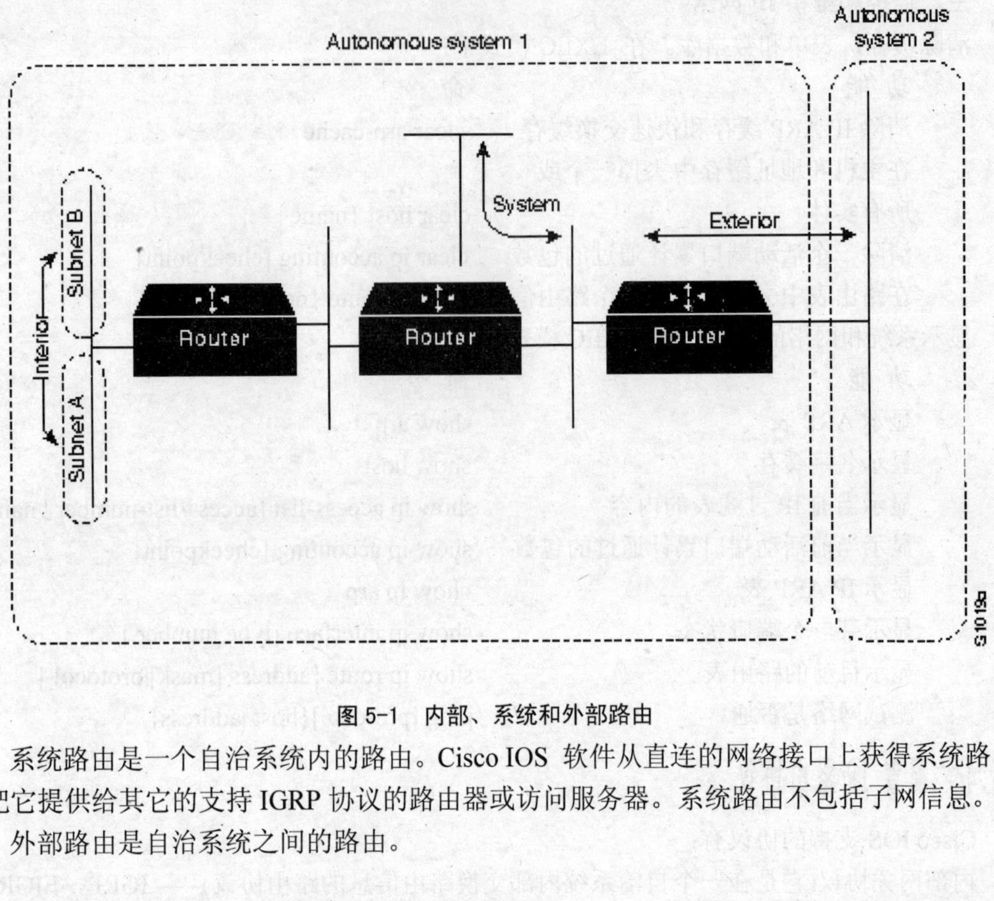

图 5-1 内部、系统和外部路由

系统路由是一个自治系统内的路由。Cisco IOS 软件从直连的网络接口上获得系统路由，并把它提供给其它的支持 IGRP 协议的路由器或访问服务器。系统路由不包括子网信息。

外部路由是自治系统之间的路由。

默认的，一个运行 IGRP 路由协议的路由器每 90 秒广播一次路由信息。如果在 270 秒内未收到某路由器的回应，它则认为目前该路由器不可到达；若在 630 秒后仍未有应答,则把有关它的路由信息从路由表中删掉。

在 CISCO 路由器中，指定路由器 IGRP 协议的命令:

功 能	命 令
激活 IGRP 路由，进入路由配置模式	router igrp process number
加入网络直连的网段	nework network-number

下面是一个配置 IGRP 的例子（假设 RouterA 连接到 192.168.0.0 和 10.0.0.0 这两个直连网段上.）：

RouterA#　config terminal　(在"#"提示符下)
RouterA(config)#　router igrp 15　(进入配置模式)
RouterA(config-router)#　network 192.168.0.0　(进入路由配置子模式)
RouterA(config-router)#　network 10.0.0.0

5.3.5 广域网配置

Cisco IOS 提供了广阔范围的广域网网络性能，适合于各种网络环境需要。Cisco 提供了信元转播 SMDS (Switching Mutilmegabit Data Service)，电路交换 ISDN (Integrated Services Digital Network)，包交换 Frame Relay 以及兼容电路交换和包交换好处的 ATM (Asynchronous Transfer Mode)。局域网仿真 (LAN emulation)提供了 ATM 和各种局域网类型的连接。

Cisco 的拨号备份提供了当广域网出现故障时的连接访问。DDR (Dial-on-Demand routing) 提供了灵活的用 Modem 或 ISDN 连接上广域网。拨号连接可以使用链路访问程序，LAPB，PPP，X.25 和帧中继实现。

一、配置 DDR

Dial-on-demand routing (DDR)是用公共电话网提供了网络连接。通常的，广域网大多数用专线连接的，路由器连接到类似 modem 或 ISDN TAs 的数据终端 DCE 设备上，它们支持同步 V.25bis 协议，你可以用 scripts 和 dialer 命令设定拨号串。图 5-2 是一个典型的 DDR 连接。

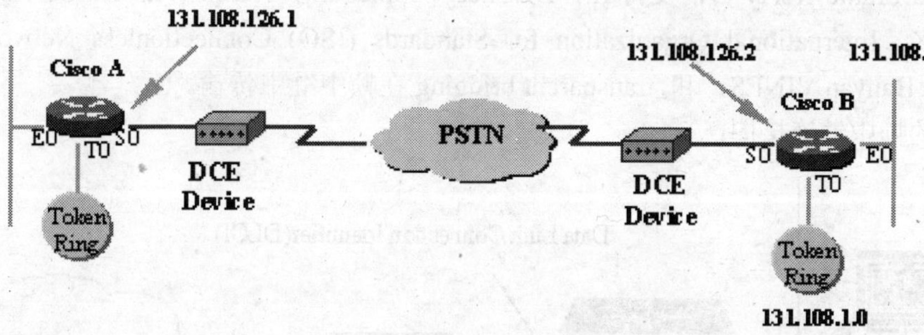

图 5-2 DDR 连接

DDR 比较适用于用户对数率要求不高，偶尔有数据传输或只是在特定时候传输数据，比如银行每晚传送报表等等情况下。当一个感兴趣的包到达路由器时，产生一个 DDR 请求。路由器发送呼叫建立信息给指定的串口的 DCE 设备。这个呼叫就把本地和远程的设备连接起来。一旦没有数据传输，空闲时间开始计时，超过设置的空闲时间，这一次连接终止。DDR 现在都用静态路由来传输数据包，避免路由交换引起的 DDR 拨号。

下面是路由器 A 的配置例子:

```
ip route 131.108.29.0 131.108.126.2
ip route 131.108.1.0 131.108.126.2
dialer-list 1 protocol ip permit
dialer-list 1 protocol ipx deny
```

```
!
interface serial 0
ip address 131.108.126.1 255.255.255.0
dialer in-band
dialer-group 1
!
dialer map ip 131.108.126.2 5551234
!
dialer idle-timeout 300
```

二、配置帧中继

帧中继是一种由 ANSI 和 CCITT 标准化的协议，它能为现今突发性业务流量 (如 LAN 互连及 SNA 业务) 提供显著的性能价格优势。帧中继是客户端设备(CPE)，诸如路由器或前端处理器，和一个向远程 CPE 发送数据的广域网之间的一种接口协议。它有以下几个特点：

1. 低时延。时延是指一个给定待发送帧穿过网络到达远程用户设备所用的时间。当网络时延增大时，性能会下降；尤其对于敏感协议 (如 SNA 和 DECnet)，所有帧被发送后必须等待应答的协议 (即 Novell IPX)，以及利用短交易式的应用。

2. 可靠性。在给定时延条件下，吞吐量随着网络的可靠性变化而变化，可靠性好，超时等待重发帧越少，吞吐量就会大大增加。

3. 更低的联网开销。

4. 可预测性。在许多网络环境中，如 SNA CICS，不仅要求时延低，而且需要可预测性。

Cisco's Frame Relay 目前支持 IP，DECnet，AppleTalk，Xerox Network Service (XNS)，Novell IPX，International Organization for Standards (ISO) Connectionless Network Service (CLNS)， Banyan VINES，和 transparent bridging 在帧中继中传输。

典型的帧中继连接图：

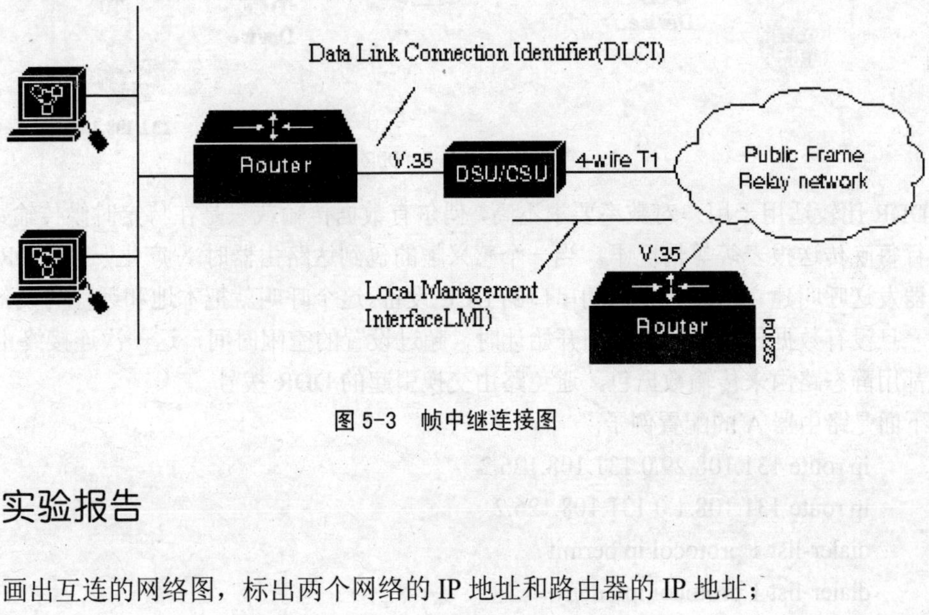

图 5-3 帧中继连接图

5.4 实验报告

1. 画出互连的网络图，标出两个网络的 IP 地址和路由器的 IP 地址；

2．写出所使用路由器的配置命令和参数；

3．通过路由器访问了对方网络的哪些资源。

5.5 实验相关知识

5.5.1 路由器基础

路由器是一种典型的网络层设备。它是两个局域网之间接帧传输数据，在 OSI / RM 之中被称之为中介系统，完成网络层中继或第三层中继的任务。路由器负责在两个局域网的网络层间接帧传输数据，转发帧时需要改变帧中的地址。

路由器（Router）是用于连接多个逻辑上分开的网络，所谓逻辑网络是代表一个单独的网络或者一个子网。当数据从一个子网传输到另一个子网时，可通过路由器来完成。因此，路由器具有判断网络地址和选择路径的功能，它能在多网络互联环境中，建立灵活的连接，可用完全不同的数据分组和介质访问方法连接各种子网，路由器只接受源站或其他路由器的信息，属网络层的一种互联设备。它不关心各子网使用的硬件设备，但要求运行与网络层协议相一致的软件。路由器分本地路由器和远程路由器，本地路由器是用来连接网络传输介质的，如光纤、同轴电缆、双绞线；远程路由器是用来连接远程传输介质，并要求相应的设备，如电话线要配调制解调器，无线要通过无线接收机、发射机。

一般说来，异种网络互联与多个子网互联都应采用路由器来完成。

路由器的主要工作就是为经过路由器的每个数据帧寻找一条最佳传输路径，并将该数据有效地传送到目的站点。由此可见，选择最佳路径的策略即路由算法是路由器的关键所在。为了完成这项工作，在路由器中保存着各种传输路径的相关数据——路径表（Routing Table），供路由选择时使用。路径表中保存着子网的标志信息、网上路由器的个数和下一个路由器的名字等内容。路径表可以是由系统管理员固定设置好的，也可以由系统动态修改，可以由路由器自动调整，也可以由主机控制。

1．静态路径表

由系统管理员事先设置好固定的路径表称之为静态（static）路径表，一般是在系统安装时就根据网络的配置情况预先设定的，它不会随未来网络结构的改变而改变。

2．动态路径表

动态（Dynamic）路径表是路由器根据网络系统的运行情况而自动调整的路径表。路由器根据路由选择协议（Routing Protocol）提供的功能，自动学习和记忆网络运行情况，在需要时自动计算数据传输的最佳路径。

路由器工作在 OSI 七层模型中第三层即网络层（IP Layer）与第四层即传输层（TransportLayer）间的网络设备。从应用看，主要有内部路由器与边界路由之分。内部路由的作用主要是将不同的网段联接起来，或是将不同网络操作系统（Network Operation System）上运行的不同协议（如 Macintosh 机上跑的 AppleTalk，NT 上跑的 TCP/IP 以及 NetWare 中 IPX/SPX）进行转换，以实现异构互通。而边界路由器则以同步方式（X .25、FrameRelay 或 ISDN）或异步方式（V .34 或 V .39）通过专线（Leased Line）或公网（PSTN）接入 Internet 或实现 LAN to LAN 的联接。

5.5.2 路由器的优缺点

1. 优点

适用于大规模的网络；

复杂的网络拓扑结构，负载共享和最优路径；

能更好地处理多媒体；

安全性高；

隔离不需要的通信量；

节省局域网的频宽；

减少主机负担。

2. 缺点

不支持非路由协议；

安装复杂；

价格高。

5.5.3 路由器的功能

1. 在网络间截获发送到远地网段的报文，起转发的作用。

2. 选择最合理的路由，引导通信。为了实现这一功能，路由器要按照某种路由通信协议，查找路由表，路由表中列出整个互联网络中包含的各个节点，以及节点间的路径情况和与它们相联系的传输费用。如果到特定的节点有一条以上路径，则基于预先确定的准则选择最优（最经济）的路径。由于各种网络段和其相互连接情况可能发生变化，因此路由情况的信息需要及时更新，这是由所使用的路由信息协议规定的定时更新或者按变化情况更新来完成。网络中的每个路由器按照这一规则动态地更新它所保持的路由表，以便保持有效的路由信息。

3. 路由器在转发报文的过程中，为了便于在网络间传送报文，按照预定的规则把大的数据包分解成适当大小的数据包，到达目的地后再把分解的数据包包装成原有形式。

4. 多协议的路由器可以连接使用不同通信协议的网络段，作为不同通信协议网络段通信连接的平台。

5. 路由器的主要任务是把通信引导到目的地网络，然后到达特定的节点站地址。后一个功能是通过网络地址分解完成的。例如，把网络地址部分的分配指定成网络、子网和区域的一组节点，其余的用来指明子网中的特别站。分层寻址允许路由器对有很多个节点站的网络存储寻址信息。

在广域网范围内的路由器按其转发报文的性能可以分为两种类型，即中间节点路由器和边界路由器。尽管在不断改进的各种路由协议中，对这两类路由器所使用的名称可能有很大的差别，但所发挥的作用却是一样的。

中间节点路由器在网络中传输时，提供报文的存储和转发。同时根据当前的路由表所保持的路由信息情况，选择最好的路径传送报文。由多个互连的 LAN 组成的公司或企业网络一侧和外界广域网相连接的路由器，就是这个企业网络的边界路由器。它从外部广域网收集向本企业网络寻址的信息，转发到企业网络中有关的网络段；另一方面集中企业网络中各个 LAN 段向外部广域网发送的报文，对相关的报文确定最好的传输路径。

我们通过一个例子来说明路由器工作原理。

例：工作站 A 需要向工作站 B 传送信息（并假定工作站 B 的 IP 地址为 120.0.5），它们之间需要通过多个路由器的接力传递。

其工作原理如下：

（1）工作站 A 将工作站 B 的地址 120.0.5 连同数据信息以数据帧的形式发送给路由器 1。

（2）路由器 1 收到工作站 A 的数据帧后，先从报头中取出地址 120.0.5，并根据路径表计算出发往工作站 B 的最佳路径：R1→R2→R5→B；并将数据帧发往路由器 2。

（3）路由器 2 重复路由器 1 的工作，并将数据帧转发给路由器 5。

（4）路由器 5 同样取出目的地址，发现 120.0.5 就在该路由器所连接的网段上，于是将该数据帧直接交给工作站 B。

（5）工作站 B 收到工作站 A 的数据帧，一次通信过程宣告结束。

事实上，路由器除了上述的路由选择这一主要功能外，还具有网络流量控制功能。有的路由器仅支持单一协议，但大部分路由器可以支持多种协议的传输，即多协议路由器。由于每一种协议都有自己的规则，要在一个路由器中完成多种协议的算法，势必会降低路由器的性能。因此，我们以为，支持多协议的路由器性能相对较低。用户购买路由器时，需要根据自己的实际情况，选择自己需要的网络协议的路由器。

近年来出现了交换路由器产品，从本质上来说它不是什么新技术，而是为了提高通信能力，把交换机的原理组合到路由器中，使数据传输能力更强、速度更快。

5.5.4 选择路由协议

当网络启用了路由协议，网络便具有了能够自动更新路由表的强大功能。但是使用像 RIP/RIP2、OSPF 或 IGRP/EIGRP 等一些主要的内部网关协议（Interior Gateway Protocol，IGP）都有一定的协定。

内部网关协议首先适合于在那些只有单个管理员负责网络操作和运行的地方；否则，将会出现配置错误导致网络性能降低或是导致网络运行不稳定的情况。对于由许多管理员共同分担责任的网络，如 Internet，则考虑使用 EGP 协议（Interior Gateway Protocol，外部网关协议），如 BGP4。

如果网络中只有一个路由器，不需要使用路由协议；只有当网络中具有多个路由器时，才有必要让它们去共享信息。但如果仅有小型网络，完全可以通过静态路由手动地更新路由表。

一、RIP

RIP（Routing Information Protocol）协议基于一个被称为“routed”的程序，该程序运行在 BSDI 版本的 Unix 系统之上，并在 1988 年被标准化在 RFC1058 中。而在 RFC1388 中所描述的版本 2 中，增加了对 VLSM（Variable Length Subnet Masks，可变长子网屏蔽）的支持，但没有弥补该协议的主要缺陷。例如，在有多重路径到相同目标的网络中，RIP 确定使用一条可选择的路径将花费许多时间，在没有多重路径的网络中，RIP 协议已经被广泛使用。

RIP 协议被列为距离矢量协议，这意味着它使用距离来决定最佳路径，如通过路由跳数来衡量。路由器每 30 秒互相发送广播信息。收到广播信息的每个路由器增加一个跳数。如果广播信息经过多个路由器收到，到这个路由器具有最低跳数的路径是被选中的路径。如果首选的路径不能正常工作，那么具有较高跳数的路径被作为备份。

对于 RIP 协议（和其他路由协议），网络上的路由器在一条路径不能用时必须经历决定替代路径的过程，这个过程称为收敛（Convergence）。RIP 协议花费大量的时间用于收敛是个主要的问题。在 RIP 协议认识到路径不能达到前，它被设为等待，直到它已错过 6 次更新总共 180 秒时间。然后，在使用新路径更新路由表前，它等待另一个可行路径的下一个信息的到来。这意味着在备份路径被使用前至少经过了 3 分钟，这对于多数应用程序超时是相当长的时间。

RIP 协议的另一个基本问题是，当选择路径时它忽略了连接速度问题。例如，如果一条由所有快速以太网连接组成的路径比包含一个 10Mbps 以太网连接的路径远一个跳数，具有较慢 10Mbps 以太网连接的路径将被选定作为最佳路径。

RIP 协议的原始版本不能应用 VLSM，因此不能分割地址空间以最大效率地应用有限的 IP 地址。RIP2 协议通过引入子网屏蔽与每一路由广播信息一起使用实现了这个功能。

路由协议还应该能防止数据包进入循环，或落入路由选择循环，这是由于多余连接影响网络的问题。RIP 协议假定如果从网络的一个终端到另一个终端的路由跳超过 15 个，那么一定牵涉到了循环。因此当一个路径达到 16 跳，将被认为是达不到的。显然，这限制了 RIP 协议只能在网络上的使用。

RIP 的最大问题涉及到具有多余路径的较大网络。如果网络没有多余的路径，RIP 协议将很好地工作，它是被几乎每个支持路径选择的厂商实施的 Internet 标准。RIP 协议适用于多数服务器操作系统，它的配置和障碍修复非常容易。对于规模较大的网络，或具有多余路径的网络，应该考虑使用其它路由协议。

二、OSPF2

OSPF2 是类似 RIP 协议的 Internet 标准，可以弥补 RIP 协议的缺点。1991 年在 RFC1247 中它被第一次标准化；最新的版本是在 RFC2328 中。但是与 RIP 协议不同，OSPF 是一套链路状态路由协议，这意味着路由选择的变化基于网络中路由器物理连接的状态与速度，并且这种变化被立即广播到网络中的每一个路由器。

当一个 OSPF 路由器第一次被激活，它使用 OSPF 的“hello 协议”来发现与它连接的邻节点，然后用 LSA（链路状态广播信息）等和这些路由器交换链路状态信息。每个路由器都创建了由每个接口、对应邻节点和接口速度组成的数据库。每个路由器从邻接路由器收到的 LSA 被继续向各自的邻接路由器传递，直到网络中的每个路由器收到了所有其它路由器的 LSA。

链路状态数据库不同于路由表，根据数据库中的信息，每个路由器计算到网络的每一目标的一条路径，创建以它为根的路由拓扑结构树，其中包含了形成路由表基础的最短路径优先树（SPF 树）。LSA 每 30 分钟被交换一次，除非网络拓扑结构有变化。例如，如果接口变化，信息立刻通过网络广播；如果有多余路径，收敛将重新计算 SPF 树。计算 SPF 树所需的时间取决于网络规模的大小。因为这些计算，路由器运行 OSPF 需要占用更多 CPU 资源。

一种弥补 OSPF 协议占用 CPU 和内存资源的方法是将网络分成独立的层次域，称为区域（Area）。每个路由器仅与它们自己区域内的其它路由器交换 LSA。Area0 被作为主干区域，所有区域必须与 Area0 相邻接。在 ABR（区域边界路由器，Area Border Router）上定义了两个区域之间的边界。ABR 与 Area0 和另一个非主干区域至少分别有一个接口。最优设计的

OSPF 网络包含通过 VLSM 与每个区域邻接的主干网络。这使得在路由表的一个条目中描述多个网络成为可能。

虽然 OSPF 协议是 RIP 协议强大的替代品，但是它执行时需要更多的路由器资源。如果网络中正在运转的是 RIP 协议，并且没有发生任何问题，仍然可以继续使用。但是如果想在网络中利用基于标准协议的多余链路，OSPF 协议是更好的选择。

三、EIGRP

在 Cisco 公司的产品中，EIGRP（Enhanced Interior Gateway Ronting Protocol）协议具有一些优势。最重要的是它能迅速广播链路状态的变化。但 EIGRP 协议的最大缺点是没有标准化。

与 OSPF 协议一样，EIGRP 路由器寻找它们的邻接路由器并交换“hello”数据包。EIGRP 协议每隔 5 秒传送“hello”数据包。如果失败 3 次，邻接路由器则被认为是宕机状态，替代的路径将被使用。

当本地路由器的链路状态发生变化，在新信息基础上它将重新计算拓扑结构表。OSPF 协议此时将立即向网络中的每个路由器广播链路状态的变化，而 EIGRP 协议将仅仅涉及到被这些变化直接影响的路由器。这使带宽和 CPU 资源的利用效率更高。同时，由于 EIGRP 协议使用了不到 50%的带宽，使得在低带宽 WAN 链路上具有很大优势。EIGRP 协议的另一个优势是它支持 Novell/IPX 和 AppleTalk 环境。如果网络正在运行的是 IGRP 协议，那么转换到 EIGRP 协议比转换到 OSPF 协议要容易的多。

5.5.5 Cisco 路由器系列简介

一、Cisco 7500 系列交换路由器

Cisco 7500 系列路由器是 Cisco 公司主要的高端多协议路由器平台，它包括 Cisco 7505，Cicso 7507 和 Cisco 7513。它是在 7000 系列路由器的基础上进一步提高了性能，增强了可靠性、可用性及实用性,扩大了能支持的网络规模，为企业网络提供了安全、可靠、稳定的性能。它与 7000 系列的模块完全兼容，保护了用户的投资。业界领先的 Cisco IOS 使它支持所有 LAN 和 WAN 的接口，优化 WAN 服务，控制网际访问，进行数据的压缩和加密。它可用于交换虚拟网的路由，网络多媒体应用，IBM 网络和主机互连，Internet 网络主干和访问层节点，通过高速 WAN 的客户机/服务器应用等各种网络环境。

Cisco 7505 具有一个高速的 Cisco Extended 总线(Cybus)；Cisco 7507 和 Cisco 7513 具有双重的 Cybus 总线.在各种接口模板上的网络接口提供了总线与外界网络的直接互连，并且支持各种 ATM，channelized T3，Ethernet,Fast Ethernet，FDDI，IBM channel attachment，multichannel E1 和 T1，synchonous serial，Token Ring，Packet OC-3。

Cisco 7505（参见图 5-5）有 5 个插槽 (一个插槽给 Route Switch Process[RSP])，其他四个用作接口板)；Cisco 7507 有 7 个插槽(两个插槽给 RSPs，其他 5 个用作接口板)；Cisco 7513 有 13 个插槽(两个插槽给 RSPs,其他 7 个用作接口板)。

Cisco 7500 系列可靠性，可用性和实用性包括以下几点：

1．联机软件重新配置——配置更改即时生效,不需要种新启动或中断网络应用和服务。

2．带电拔插(OIR)——无需重起系统或脱机就可以更换新的接口板,无需操作员的干预，因为它是自动重新配置的。

3．可选择的双电源供给系统(只对 Cisco 7507 和 Cisco 7513)——额外的独立电源提供负载平衡。

4．Flash memory——实现快速，可靠的软件和微码(micromode)升级。

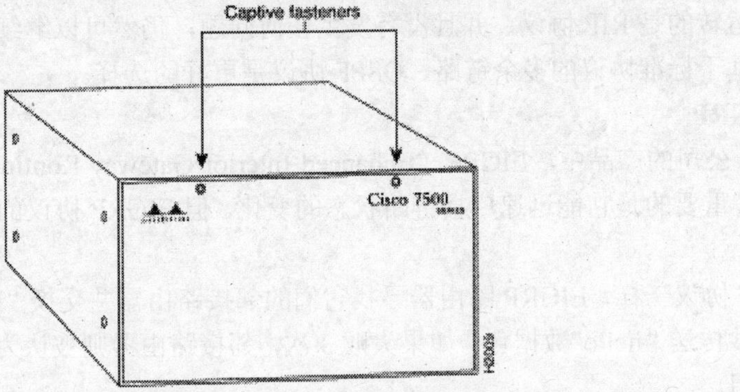

图 5-4　Cisco 7505 前视图

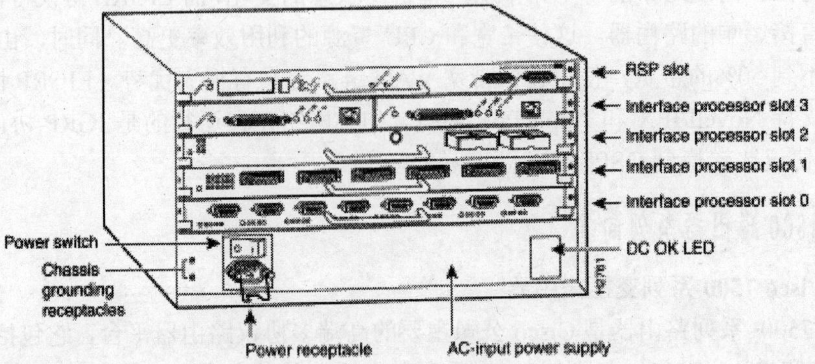

图 5-5　Cisco 7505 后视图

Cisco 7500 系列基本系统包括以下基本部分：

1．系统机架

2．路由交换处理板

3．RSP1——MIIPS RISC CPU，外部时钟频率 50MHz，内部时钟频率 100MHz (Cisco 7505)

4．RSP2——MIIPS RISC CPU，外部时钟频率 50MHz，内部时钟频率 100MHz (Cisco 7507 和 Cisco 7513)

5．RSP4——MIIPS RISC CPU，外部时钟频率 100MHz，内部时钟频率 200MHz (有的 Cisco 7500 系列路由器)

6．控制端口 (EIA/TIA-232 针式——默认 DCE 模式)

7．辅助口 (EIA/TIA-232 DTE)

8．默认 32-MB DRAM，可升级到 128MB

9．128-KB NVRAM

10．PCMCIA Flash memory 有 8-MB Flash memory，可升级到 40MB

11．备份电源

12．实时的时间日历

13. 接口处理板

Cisco 7505　4 个插槽

Cisco 7507　5 个插槽

Cisco 7513　11 个插槽

14. 提供 AC 或 DC 电源

15. Y 线缆和辅助口线缆

Cisco 7507 和 Cisco 7513 支持双电源 (Cisco 7505 不支持这个特性)。它能够实现负载平衡和冗余备份。

Cisco 7500 系列路由器 IOS 主要包括四种类型：IP Routing,，IP/IPX/IBM，Desktop/IBM 和 Enterprise.不同类型的软件支持协议的多少不同，依次 IP Routing 最少， Enterprise 支持协议最多。能够支持的协议包括：

1. 局域网：Apollo Domain， AppleTalk 1 and 2， Banyan VINES，DECnet IV， DECnet V，GRE， IRB， IP， Novell IPX， VLANs (ISL and IEEE 802.1)， XNS。

2. 广域网:ATM, Dialer-up ,Dial-on-demand, HDLC, IPXWAN, ISDN, PPP, X.25, FrameRelay 等。

3. 路由协议: RIP, IGRP, Enhanced IGRP, OSFP, IS-IS, NHRP, AURP, IPX RIP, NLSP, RTMP 等。

二、Cisco 12000 系列千兆位交换路由器

千兆位交换路由器(GSR)在一个核心级平台中提供可扩展的 IP 转发和服务性能，使高速 IP 主干能够扩展到 OC-3(155 Mbps)、OC-12 (622 Mbps)和 OC-48 (2.4Gbps)设施。包括 Cisco12008，Cisco12012，Cisco12016 等。

主要应用：

- Internet 主干
- 服务提供商 、 Internet 2
- 载体
- 大容量 Internet 接入
- 企业 WAN/ 城域网 (MAN)
- 基于竞争的接入提供商 (CAP)
- 黑色纤维 / 通行权

具有以下一些特点：

一、可扩展的性能

模块化数千兆位横杆交换机结构允许带宽随着主干要求的发展而扩大 (Cisco 12000 系列从 5 Gbps 扩大到 60 Gbps)。

创新的交换机结构设计支持消除了行首阻塞的虚拟输出队列。在增加线路插件时，分布式体系结构提供可扩展的第三层交换性能。网速转发能力充满 SONET/SDH 传输管道，使之达到满负荷，保证从昂贵的 WAN 电路上获得最佳的投资回报。通过最大限度地提高 TCP 的吞吐量，大容量线路插件包缓冲器提高了网络效率。

二、可扩展的网络服务

提供稳定性强和特性丰富的Cisco IOS (tm) 软件，包括为大型网络增强的和广泛的边界网关协议 (BGP)。 硅质排队引擎 (SQE) 提供支持 Internet 服务质量的高性能拥挤避免和队列管理所要求的排队功能的网速应用。优化处理在多媒体、远程学习和其它应用中使用的多路播放服务。通过集成包括通信管理在内的路由选择和交换功能，标记交换扩展 IP 网络。

三、载体级可用性

所有关键系统组件的冗余性 (处理器、交换机结构、线路插件和电源) 把故障引起的网络中断降到最低限度。

Cisco 12000 系列把 Cisco 公司的业界领先的路由选择产品扩展到下一代的高速 IP 数据网络。带电交换的设施维护功能可以在不中断服务的情况下添加、移动或更换组件。交换机结构冗余性向一个备用结构提供壁障能力，不会损失数据或用户会话。自动保护交换 (APS) 功能使 SONET/SDH 恢复能力能够扩展到 Cisco 12000 。NEBS/ETSI 一致性保证了兼容性和提高了与电信局 (CO) 环境共处的机会。

四、线路插件

支持 IP over SONET/SDH 和 ATM 接口组合，包括其它高速介质：

1．四端口的 OC-3/STM-1 IP over SONET/SDH

2．单端口的 OC-12/STM-4 IP over SONET/SDH

3．单端口的 OC-12/STM-4 ATM

将来的线路插件，包括：

1．四端口的 OC-3/STM-1 ATM

2．四端口的 OC-12/STM-4 IP over SONET/SDH

3．单端口的 OC-48/STM-16 IP over SONET/SDH

4．Gigabit 以太网接口

表 5-1　Cisco12000 系列路由器主要配置

Cisco 12000 系列	Cisco 12004	Cisco 12008	Cisco 12012
带宽	5 Gps	10-40 Gps	15 to 60 Gps
可配置的机箱插	4	8	12
可配置的交换式结构插槽	1	5	5
支持的最大线路插件	3	7	11
OC-3/STM-1 端口	12	28	44
OC-12/STM-4 端口	3	7	11
冗余选项	GRP, 线路插件、电源	GRP、线路插件、电源、风扇、结构	GRP、线路插件、电源、风扇、结构

下图显示的 Cisco 12016 GSR 是 Cisco 12000 系列千兆位交换路由器中的有 16 个插槽的成员。它的原始发送速率为每槽每秒 10 吉兆比特, 交换器的总容量可达到 160 Gbps。它使

用 Cisco 12000 系列的千兆路由处理器和线路卡(OC-3, OC-12, and OC-48)。

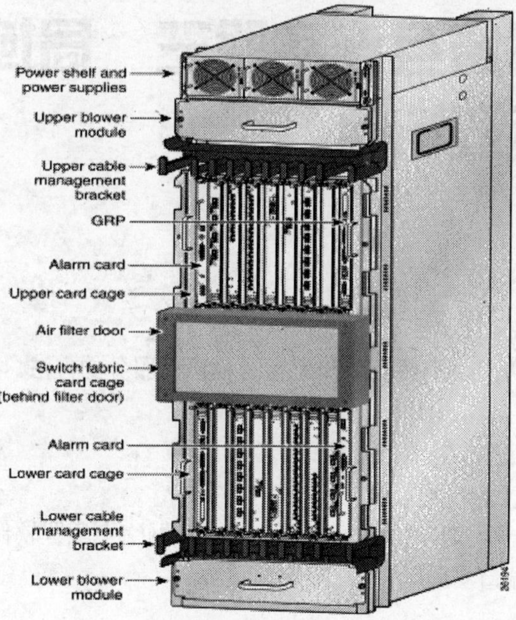

图 5-6 Cisco 12016 GSR（前视图）

实验六　网络互连实验三　局域网的远程访问

6.1　实验目的

通过局域网的远程访问，掌握安装和配置远程访问服务的方法。

6.2　实验要求

通过电话网络访问一个 NT 网络，可以通过在 NT 网络上配置软件完成 RAS 功能，或者通过设置路由器的拨号端口实现远程访问。

6.3　实验步骤

一般来说，建立远程访问网络有两种方案。

第一种是使用软件型的远程访问服务器(例如 Windows NT Server 的 RAS)来构造远程访问网络，此方案的优点是价格便宜,缺点是性能较低,可靠性也较差。

第二种是使用硬件型的远程访问服务器(例如 3Com 公司的 SuperStackII RAS1500，Cisco 2501，Bay RAS 4000 等)来建立远程访问网络，此方案可靠性较高,运行稳定,虽比第一种方案造价较高，但对于需要高质量连接的网络用户，仍不失为一种好方法。下面我们就分别介绍软件型和硬件性的远程访问服务器。

6.3.1　基于软件的远程访问服务器——Windows NT RAS 配置

在本实验的实验相关知识中，我们着重讲解了 RAS(远程访问服务)的概念和原理，下面我们就来配置 RAS。

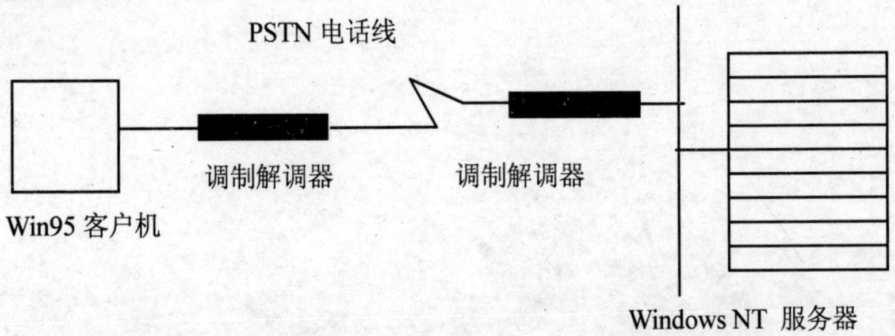

图 6-1　Win95 客户机拨号入 NT Server 远程访问局域网

如图 6-1，是典型的 Win95 客户机拨号入 NT Server 远程访问局域网的实现方式。

在这种实现方式中，主要是要配置好 Windows NT Server 的 RAS。若已经成功安装了网卡和调制解调器，且是以系统管理员的身分登录入 NT Server，则 RAS 的配置过程如下：

1. 控制面板中选中“网络”图标（图 6-2）；
2. 在“网络设置”对话框中按“添加软件”按钮；
3. 选择“网络软件”下拉框内的“远程访问服务”，再按“确定”按钮（图 6-3）；

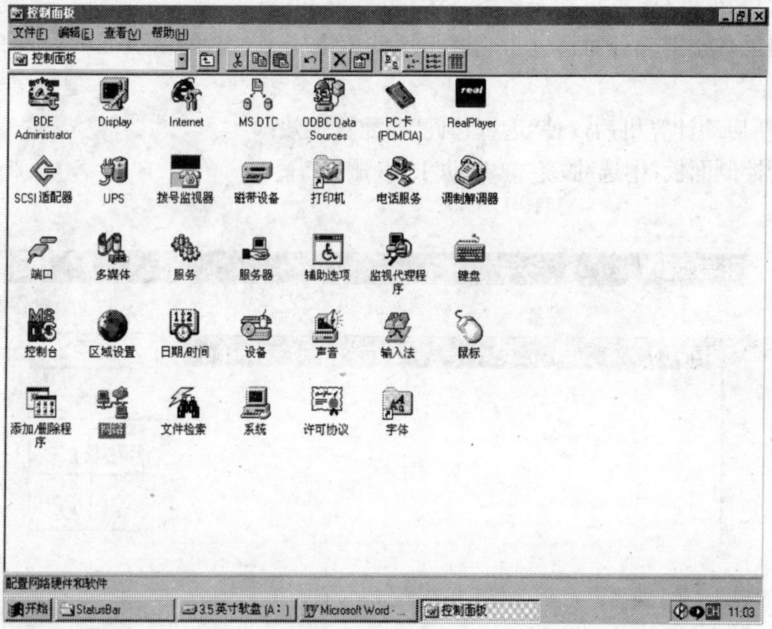

图 6-2 步骤 1

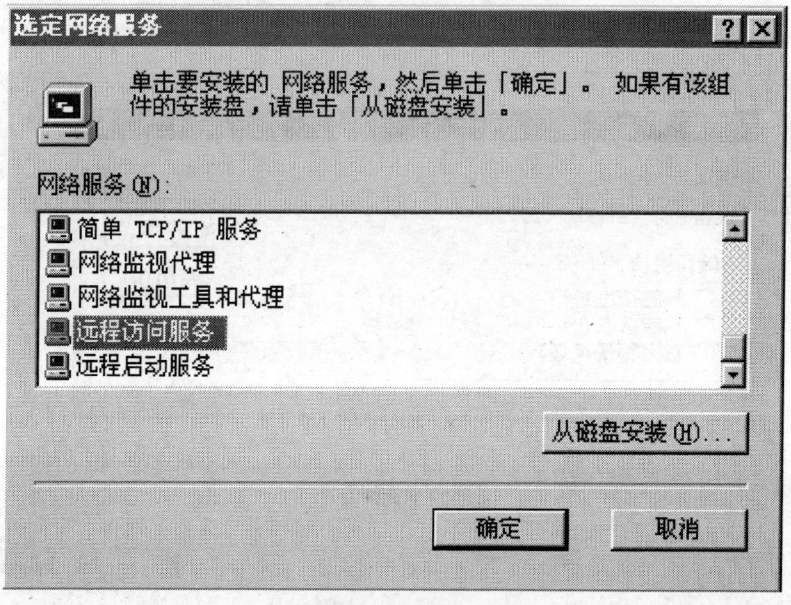

图 6-3 步骤 3

4. “远程访问安装程序”将查到连到计算机端口的调制解调器，对弹出的信息框，按“确定”按钮（图 6-4）；

5. 在“配置端口”对话框中，所选的调制解调器会反白显示；

6. 在“端口使用情况”框中，选定端口的使用方式（图 6-5）；

7. 在“远程访问安装程序”对话框（图 6-4）中，选取“网络”按钮，便可设置 RAS 网络选项，可照提示进行；

8. 对端口和网络配置设置完成后，选“继续”按钮；

9. 在最后弹出的验证对话框中选取“确定”按钮，再选定“网络设置”对话框中的“确定”按钮（图 6-6）；

10. 重新启动计算机后，使“远程访问”的配置生效；

11. 在“控制面板”中选“服务”，启动“RAS 服务”。

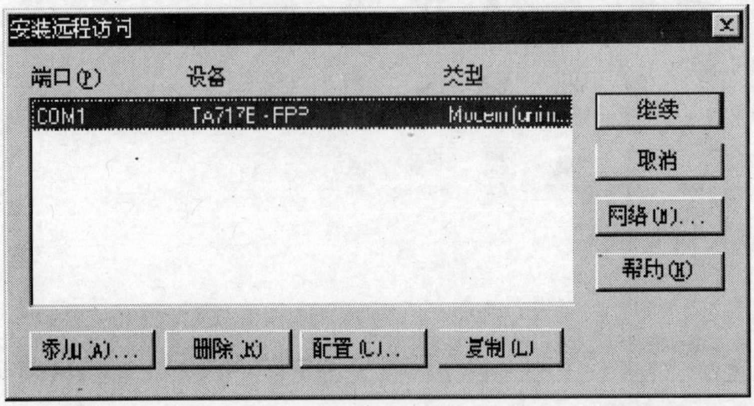

图 6-4　步骤 4

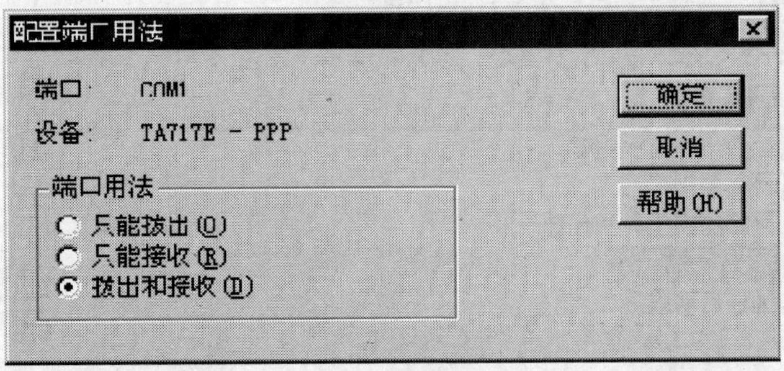

图 6-5　步骤 5

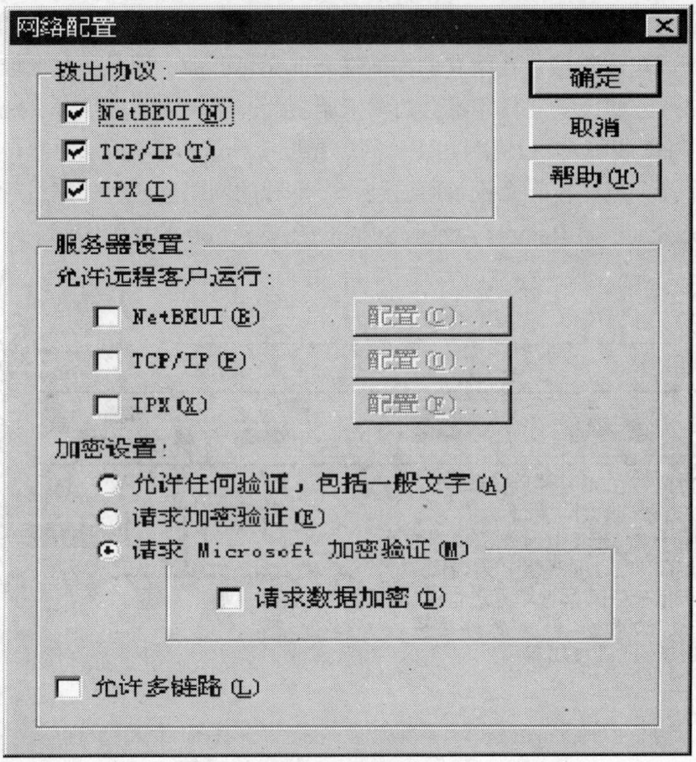

图 6-6　步骤 9

RAS 的配置比较简单，下面我们就重点来看看怎样通过设置路由器的拨号端口实现远程访问。

6.3.2　基于硬件的远程访问服务器

SuperStackII RAS1500（ 如图 6-7 ）

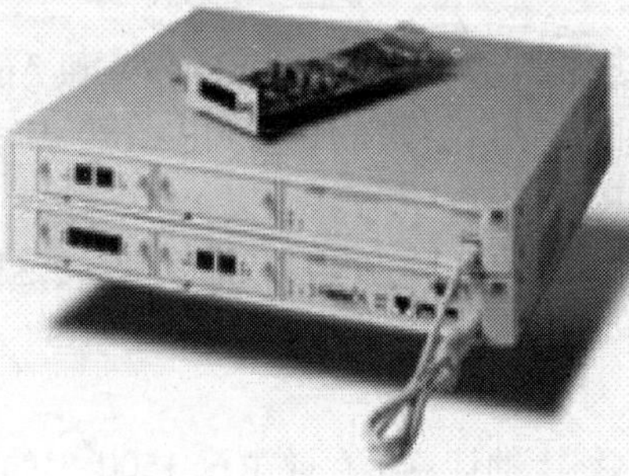

图 6-7　Super Stack ⅡRAS 1500

如图 6-7 所示，SuperStack® II Remote Access System (RAS) 1500 由三个可堆叠的组件组成，提供多协议远程访问服务器和具有完备功能的路由技术。通过使用高性能 V.34 调制解调器、64K-256K ISDN BRI 卡和具有 56K (V.90) 连通性能的 ISDN PRI 访问单元等多种插件，可为用户提供一套完整的远程访问方案。这一智能化的访问技术可以自动支持 SOHO (Small Office/Home Office, 小型办公室/家庭办公室) 和移动用户的电话拨入访问方式以及由分支机构访问总部数据的局域网间连接以及从该局域网访问 ISP/Internet 的拨出服务。SuperStack II

RAS 1500 由一个基本路由器堆叠单元、扩展堆叠单元和多个可由用户安装的 I/O 卡以及 ISDN PRI T1/E1 访问单元组成，在配置的灵活性方面无可匹敌。而且，每一堆叠单元有两个选件插槽，可以非常方便地安装任意组合的模拟调制解调器模块或 ISDN 终端适配器模块。StackNet FireWire 将扩展单元和 ISDN PRI 访问单元连接到基本单元，从而使得它们能像一个网络实体一样工作，并被当作一个设备而通过一个单独的网络管理程序来进行管理。

图 6-8 为 SuperStack® II Remote Access System (RAS) 1500 的详细图解：

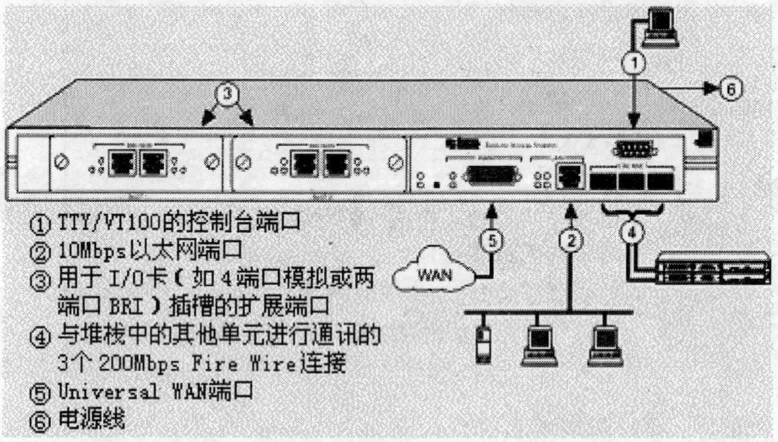

图 6-8　SuperStack® II Remote Access System (RAS) 1500

一、主要功能

1．IP 终端服务

RAS 1500 为哑终端和仿真哑终端的计算机提供网络存取，远程用户通过拨入 RAS 1500，使用登录服务（如 Telnet，Rlogin，或 ClearTCP.）。远程终端发送或接收的 ASCII 数据流按网络协议（Telnet，Rlogin 或 ClearTCP）进行转换，并在 RAS1500 的本地网络上和主机建立终端会话，以提供 IP 终端服务连接。

2．网络拨入存取

RAS 1500 为远程用户提供拨入网络存取，远程 IP、IPX 和 AppleTalk 网络用户能够使用 ISDN 或模拟线路拨入，并连接到本地网络如：Novell IPX 网、IP 网、AppleTalk 网等，如同他们是本地网络上的结点一样。RAS 1500 允许远程拨入用户存取：网络服务器、INTERNET、BBS、UNIX 主机、SuperStack II RAS 1500。在拨入连接上被传送的包使用下列协议来封装：PPP、SLIP（串行线路 IP 协议）、FCP（快速连接协议）。

3．网络拨出存取

网络拨出允许连接到本地网络上的计算机存取 RAS1500 上的 Modem，如同 Modem 被直接连接到该计算机上一样。一旦成功连接，网络用户便能使用该 Modem 拨出到 Internet、电子公告板（BBS）、信息服务（如 CompuServe），FTP 站点、电子邮件（E-mail）站点等等。局域网上的计算机使用 NCSI 或 Telnet 拨出与 RAS1500 通信。其中 NCSI 拨出支持 Windows 拨号网络的 PPP 协议，而 Telnet 拨出则不支持，在不使用 Windows 提供的拨号网络连网时，两种方法都可以实现，但 TELNET 拨出更易于安装。

4．LAN 对 LAN 的路由选择和网桥

LAN 对 LAN 的连接有手动型、请求型、定时型、连续型。RAS1500 支持许多路由和协

议配置。当网络通信量增加时，它有能力建立附加的连接，以便自动增加带宽。RAS 1500 利用远程 RAS 1500 或第三方路由器通过模拟线路或 ISDN（综合服务数字网）数字线路来实现 IP 路由选择。当包到达路由器时，路由器分析此包以确定其网络地址，如类似 IP，IPX 或 AppleTalk 等网络协议的地址。配置一个 LAN 对 LAN 的路由连接和配置网络用户非常类似，都是使用一些附加的拨出命令和路由选择参数。

RAS 1500 也具有网桥功能。当 RAS 1500 收到数据包时，它检查该包，通过分析地址信息决定此数据包属于何处。数据包的硬件地址被指定为远程网络和相同网络两种情况，当处于远程网络情况时，RAS 1500 连接到远程网络并向其发送数据包；当处于相同网络情况时，RAS1500 丢弃该数据包。

二、配置网络拨入应用

1．配置 IP 地址池

对拨入网络用户， RAS 1500 通过配置 IP 地址池，实现从池中分配 IP 地址，并把该地址指定给用户。

a. 指派一个 IP 地址池名和初始池地址：

add ip pool <name> initial_pool_address <initial_pool_address>

b. 配置 IP 地址池的大小： set ip pool <name> size [1-4096]

c. 配置 IP 地址池的状态： set ip pool <name> [public |private]

public ： 所有用户；private：特殊用户

d. 配置 IP 地址池的路由： set ip pool <name> route [aggregate | no_aggregate]

aggregate：立刻在路由表中添加一网络路由，并将它作为一单网络路由

no_aggregate：仅当用户拨入 IP 地址池时，才在路由表添加此网络路由

2．配置 IP 网络用户：

a. 添加一个标准的网络用户，指定用户的名字、类型和网络服务类型。

add user <name> password <password> type [network|login|callback|
dialout|manage] network_service [slip|ppp|fcp|arap|fr_1490]

网络用户类型为：

manage ： 在命令行中具有全部管理特权

network，login ：登录或网络服务

network，login，callback：登录或网络服务（调用用户回拨）

network，callback ：网络服务（调用用户回拨）

network，dialout ：远程站点的网络服务(拨出)

network ：网络服务

b. 指定一个远程地址：

set network user <name> remote_ip_address <ip_address>

c. 设置 IP 地址选择方法。

如果网络用户的地址没有指定，此设置将决定是 RAS1500 指派远程 IP 地址，还是协商远程 IP 地址。

set network user <name> address_selection [assign | negotiate | specified]

Assign ：指定一个 IP 地址池中的 IP 地址

Negotiate：使用 IPCP 地址协商，仅须使用远程计算机上的地址。

Specified：规定一个固定的地址。

d. 保存:

save all

注意：一般进行以上配置后，网络拨入功能即可用，以下安装只对需要高级配置或 PPP 配置的用户才需要。

3．配置 PPP 参数：

如果远程用户使用 PPP 连接，可定义几个可选的 PPP 参数，来控制 RAS 1500 如何处理远程存取会话。

a. 配置 PPP 压缩算法类型：

set network user 〈name〉 ppp compression_algorithm [ascend | auto | microsoft | none | stac]

b. 配置 PPP 扩展算法类型：

set network user <name> ppp expansion_algorithm [constant | linear]constant: 长期带宽不改变； linear: 当分配宽带时提供更大的通信量

c. 配置 PPP 最小压缩值：

set network user <name> ppp min_size_compression [value from 0-2048]

d. RAS 1500 使用异步控制字符映射过滤收到的数据时，配置如下：

set network user <name> ppp receive_acc_map [hex_number-array of 4 bits]

e. RAS 1500 使用异步控制字符映射过滤流传出的数据时，配置如下：

set network user <name> ppp transmit_acc_map [hex_number - array of 4 bits]

f. 配置 PPP 怎样检查包来决定何时重新协商最适宜的压缩算法：

set network user <name> ppp reset_mode_co [auto | every_packet | every_error]

g. 配置 ML-PPP 信道值：

set network user <name> ppp channel_decrement [0-100]

set network user <name> ppp channel_expansion [0-100]

set network user <name> ppp max_channels [0-8]

h. 保存： save all

4．配置附加的拨号参数：

a. 配置最大传输单元（MTU）：

set network user <name> mtu <number>

b. 配置 PAP/CHAP 认证：

set ppp receive_authentication [chap | pap | either | none]

c. 配置回拨电话号码(拨电话号码仅当用户被配置为回拨用户时使用)：

set user <name> phone_number <number>

set user <name> alternate_phone_number <number>

d. 配置空闲超时设定和会话超时设定，以限制用户在线的时间，或在特定空闲时间后结束一个连接：

set user <name> idle_timeout <0-86400 seconds> session_timeout <0-86400 seconds>

e. 保存： save all

三、网络拨入实例

假设 RAS 1500 的配置为：

IP 地址池名为“llpool”，初始地址是 172.32.142.2，地址池大小为 24，用户名为“xll”，口令“123”，用户类型为“network，login”，其余保持默认值。命令如下：

```
set ip pool llpool initial_pool_address 172.32.142.2 size 24    //加 IP 地址池
add user xll password 123 type network,login                   //加用户
save all
```

Win95 客户机上通过 PPP 拨号网络拨入后，若出现成功连接信息，则表示设置成功。

图 6-1 是典型的 Win95 客户机拨号入远程访问服务器远程访问局域网的实现方式。在这种实现方式中，主要是要配置好远程访问服务器。下面以应用广泛的 Cisco2511 访问服务器为例来介绍对远程访问服务器的配置要点。现设定整个网络都采用 TCP / IP 协议，远程访问服务器名为 zc-2511，其 E0 端口地址为 172．16．100．1，异步口 A1 用来连接 Modem（厂商为 Hayes），分配给远程用户的 IP 地址为 172．16．200．1，其基本的配置如下：

```
hostname zc-2511
aaa new-model
aaa authentication ppp default local
enable password yang-y1
chat script resetchat """AT＆FS0K1＆C1＆D3＆K3＆Q6＆Q5＆W"
interface Ethernet0
ip address 172．16．100．1255．255．0．0
interface Async1
ip unnumbered Ethernet0
encapsulation ppp
async default routing
async mode interactive
peer default ip address 172．16．200．1
no cdp enable
ppp authentication chap
line1
script reset resetchat
modem InOut
rxspeed 115200
flowcontrol hardware
```

四、故障分析

如上所述的配置过程并不是很复杂，但在具体应用过程当中，往往并不会是很顺利。下面说一点常见故障处理过程当中的注意事项：

Modem 的连通正常。在连通的情况下，TD、RD 是数据收发信号，应不停地闪烁，而 CD 灯则保持常亮。如果 Modem 不能连通，应检查两台 Modem 设置的参数。

连接的计算机协议、基本登录方式应相同。要确保协议一致，才可能正常连接。

有时由于主浏览器的延时，并不能立即浏览到服务器的共享资源，这时远程节点机可用 Win95 的查找计算机功能，找到服务器的共享资源。

6.4 实验报告

1. 描述安装远程访问的过程；
2. 写出安装远程访问所用的协议及其参数；
3. 通过远程访问，客户机能访问哪些内容。

6.5 实验相关知识

6.5.1 远程访问服务

远程访问服务用于远程工作站或移动用户拨号入网和访问网络资源。通常采用带 Modem 的拨号线路连接，因此，传送速度较低直接连到局域网。要提高性能，必须减少远程用户和网络间的通信量。远程访问软件把远程用户的计算机看作一台哑终端，而在 LAN 站点上执行所有计算任务。在这种方式下，在线路上仅仅传输屏幕和键盘信息。但是，必须配置一台专用计算机来满足每个用户拨号的需要。

Windows NT Workstation 和 Windows NT Server 远程访问服务 (RAS) 把远程或移动工作者同公司网络连接。RAS 对客户机/服务器计算进行了优化，主要是由软件来实现，它在所有的 Microsoft 操作系统中都是有效的。

在 RAS 和远程控制解决方案（ 如 Cubix 和 pcANYWHERE ）之间的差别是很重要的：

1. RAS 是基于软件的多协议路由器，而远程控制解决方案则通过共享远程连接的显示器、键盘和鼠标来工作。

2. 在远程控制解决方案中，用户共享服务器上的一个或多个 CPU；RAS 服务器的 CPU 用于通信，而不是用来运行应用程序的。

6.5.2 点对点协议

Windows NT 操作系统在 RAS 中支持点对点协议（PPP）。PPP 是一套工业标准帧和身份鉴定协议。它为多层 OSI 模型给出了若干配置参数。

Windows NT 3.5 及其以后版本（以及 Windows 95 ）中支持 PPP 意味着运行 Windows 的计算机可以通过符合 PPP 标准的服务器拨号进入远程网络。Windows NT Server 符合 PPP 标准，它便可以接受来自其他供货商的远程访问软件的调用，并为其提供网络访问。

PPP 体系结构还可让客户加载任何由 IPX、TCP/IP、和 NetBEUI 组合成的协议。这样，使用 Windows Sockets、NetBIOS 或者 IPX 接口的应用程序便可以在一台运行 Windows NT Workstation 的远程计算机上运行了。

图 6-9 展示了 RAS 的 PPP 体系结构。

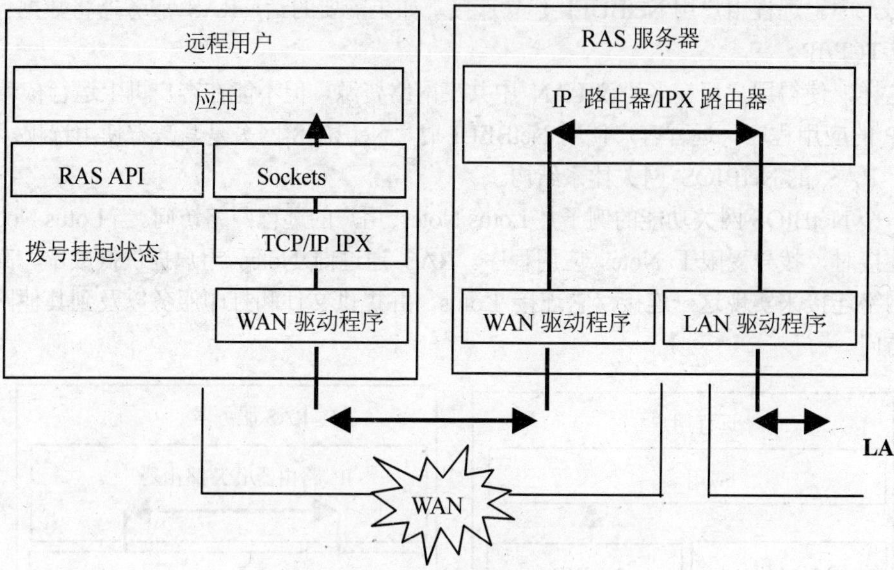

图 6-9 点对点协议

6.5.3 RAS 连接序列

RAS 连接序列是理解 PPP 协议的关键。在和一台远程计算机建立连接后，PPP 协商便开始了：

首先，在远程计算机和服务器之间建立帧规则，这样才可继续进行通信（帧传送）。

接下来，RAS 服务器用 PPP 身份验证协议（PAP，CHAP，SPAP）来对远程用户进行身份验证。所调用的协议取决于远程客户级和服务器的安全配置。

一旦身份验证通过，网络控制协议（NCP）为将要用于远程客户机上的 LAN 协议启动并配置服务器。

PPP 连接序列成功完成之后，远程客户机和 RAS 服务器才可通过所支持的协议，例如 Windows SocketRPC 或者 NetBIOS，开始传输数据。

如果远程客户机配置为使用 NetBIOS Gateway 或 SLIP，则这种序列是无效的。

6.5.4 点对点通道协议

一个 RAS 服务器通常连接在 PSTN，ISDN 或 X.25 网络上，RAS 允许远程用户通过这些网络访问一个服务器。现在，RAS 可允许远程用户使用新的点对点通道协议（PPTP），通过 Internet 进行访问。

PPTP 是支持多协议虚拟个人网（VPN）的一项网络新技术，它让远程用户通过拨号进入 Internet 服务提供商（ISP）或者直接同 Internet 相连，畅游 Internet, 并安全的访问公司网络。

6.5.5 NetBIOS 网关

Windows NT 继续支持 NetBIOS 网关。该结构用在 Windows NT 的以前版本和 LAN

Manager 中。远程用户用 NetBUEI 建立连接，如果需要的话，RAS 服务器将数据包转换成 IPX 或 TCP/IP。

这样，使得用户可在多协议 LAN 中共享网络资源，但不能在客户机上运行依赖 IPX 或 TCP/IP 的应用程序。远程客户使用 NetBEUI 时，NetBIOS 网关是其缺省使用选项。图 6-10 展示了 RAS 的 NetBIOS 网关体系结构。

一个 NetBIOS 网关功能的例子是 Lotus Notes 用户的远程网络访问。当 Lotus Notes 提供拨号连接时，拨号受限于 Notes 应用程序。RAS 通过向 Notes 用户提供低成本、高效率的远程网络连接来实现这一连接，它连接 Lotus，并提供文件和打印服务以及到其他网络资源上的访问。

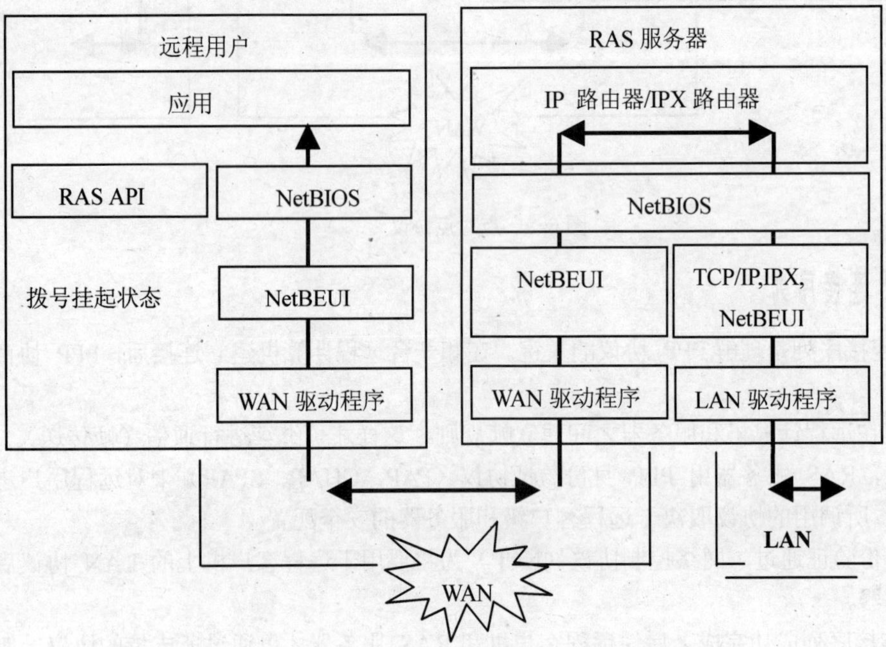

图 6-10　RAS 的 NetBIOS 网关体系结构

6.5.6 SLIP

SLIP 是早期在 UNIX 环境中建立的通信标准。SLIP 不提供网络配置的自动协商和 PPP 可提供的加密身份验证，它需要用户介入。Windows NT RAS 可以配置为一个 SLIP 客户机，它可以让用户拨号进入一个已存在的 SLIP 服务器。RAS 在 Windows NT Server 中不提供 SLIP 服务器。

实验七　网络互连实验四　通过代理服务器实现网络连接

7.1　实验目的

通过代理服务器实现网络连接，从而了解代理服务器的功能和概念，掌握代理服务器的使用。

7.2　实验要求

通过代理服务器实现网络连接。代理服务器软件可以选择 SyGate 或者 WINGATE。将一个局域网通过代理接入当地 ISP 网络。

7.3　实验步骤

假定我们已配置好局域网，只是这个网络无法与 Internet 连接。再假定我们已经有一调制解调器，并且从 ISP 处申请一个账号。此局域网私有 IP 地址形式为 192.168.0.X，下面以 SyGate 为例介绍代理服务器的安装和使用。

首先，我们实现拨号上网，建立与 ISP 连接。这台机器将安装 SyGate 的服务器端。

然后，我们安装 SyGate 服务器端，并启动和配置它。

最后，我们在局域网的其它机器上配置 SyGate 客户端，来共享服务器端机器与 Internet 的连接。

这样，整个局域网均可共享代理服务器与 Internet 的连接访问 Internet。

7.3.1　拨号上网的实现

一、调制解调器硬件安装

调制解调器（Modem）是拨号上网的必备外设。衡量 Fax/Modem 的最主要参数是传输速率（每秒传输比特数，bps）。数字越大表示单位时间 传输的数据量越大，也就是越“快”。按 Modem 的连接方式可分两种： 内置式和外置式，其中内置式又可分为跳线式和即插即用（PnP）。三种卡功能相同，仅在安装方法上稍有差别。下面介绍外置式调制解调器的用法：

1．关闭计算机电源。

2．将数据线一端（25 针插槽）连接 Modem，另一端接计算机串口 2 ，（假设鼠标接于串口 1，下同，并且串口 2 为 9 针插口）。

3．将电话进线接至 Modem 外线口（Line 或外线标志）。

4．将 Modem 附带连接线一端连接 Modem 电话口（Phone 或电话标志），另一端接电话机。（如果 Modem 和电话不使用同一条电话线，这一步可以省略。我们假设不使用同一条线）

5．此时电话能正常通话。连接 Fax/Modem 的外接电源。再打开 Modem 的电源开关。

这样连接，我们关掉 Modem 的电源开关，即可打电话。 我们完成了调制解调器的硬件安装。

二、安装拨号网络组件（如果已安装此组件，可以略过此一步）

1．单击“开始”，指向“设置”，单击“控制面板”，双击“添加/删除程序”，然后单击“Windows 安装程序”选项卡，也可以打开“添加/删除程序属性”对话框上的“Windows 安装程序”选项卡。然后在组件列表框中选中“通讯”。

2．单击“详细资料”按钮，从出现的“通讯”对话框中选中拨号网络。单击“确定”按钮。

3．如果使用光盘安装 Windows，系统会提示将光盘放入计算机。安装完毕后，“我的电脑”或“附件”菜单上会有“拨号网络”。

三、装调制解调器设备驱动程序——调制解调器软件环境的设置

1．单击“开始”，指向“设置”，单击“控制面板”，然后双击“调制解调器”，可以启动“安装新的调制解调器”向导。 如果第 1 步打开的是“调制解调器属性”对话框而不是“安装新的调制解调器”向导，则单击“添加”可以启动“安装新的调制解调器”向导。

2．确保打开调制解调器的电源，并退出所有可能使用该调制解调器的程序，单击“下一步”，Windows 会自动检测调制解调器，检测成功后，会告知调制解调器的型号。或者，如果不愿让 Windows 检测调制解调器，可选中复选框，并选择厂商和型号，如果有安装盘，或者调制解调器未出现在列表框中，单击“从软盘安装”，指定设备驱动程序所在位置。然后安装程序拷贝文件，安装完成后，弹出“调制解调器 属性”对话框。

3．在“调制解调器 属性”对话框中，单击“拨号属性”按钮，弹出“拨号属性”对话框，用于配置你的调制解调器目前所在位置拨号时的属性。在这个对话框中，这些配置同你的电话的配置相同。“从这里拨号” 组框中，“要访问外线，请先拨”的两个编辑框应如下填写：在上层方框中，输入拨打本地外线时所需的号码。在下层方框中，输入拨打长途外线时所需的号码。例如，拨打本地外线时要加拨“9”，拨打长途外线时加拨“8”。 如果打外线时不需加拨任何号码，应让两个方框都空着。 “要取消拨号等待，请拨”的含义是：指明此地是否使用呼叫等待。当计算机在进行数据交换或传真时，应关闭呼叫等待。在列表中选定代码，否则与电话公司联系获得如何关闭此项功能的方法。“拨号方式”是音频，还是脉冲，取决于你的电话的支持，如果不了解，请询问本地电话局，一般为音频方式。使用电话卡时的配置，请参考 Windows 的帮助。

四、建立到 ISP 连接

1．双击“我的电脑”，然后双击“拨号网络”。 如果已经建立拨号连接，可以单击“创建新的连接”以创建新连接。此时，启动“建立新连接”向导。

2．建立新连接时，输入这个连接的两端的一些属性：拨出时所使用的调制解调器，与对方计算机所连的调制解调器的区号，国别，电话号码（图 7-1）。连接建立后，在“拨号网络”文件夹中出现命名为对方计算机名称的一个新连接。

3．右键单击此连接，单击“属性”菜单项，出现这个连接的属性对话框，下面详细介绍其属性的设置。

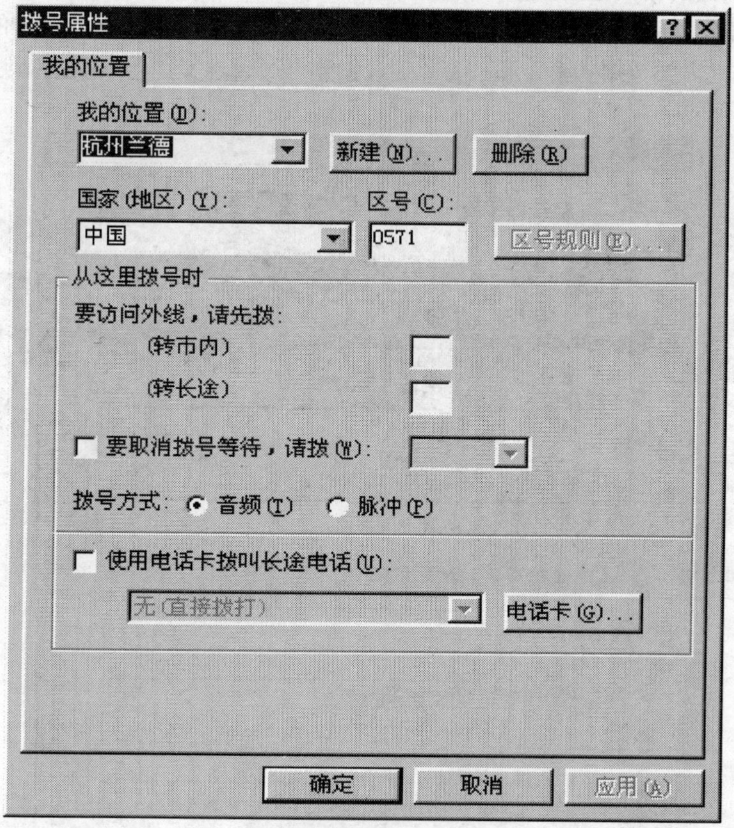

图 7-1　拨号属性设置

“常规”选项卡（图 7-2）

在“电话号码”组框中为要连接的计算机键入或选定区号、电话号码和国家（地区）代号。如果不选定“使用区号与拨号属性”，系统将忽略区号和国家（地区）代号。清除该复选框后，在建立连接时不能从其它地方拨号。

在“连接方式”组框中，列出系统中所安装的“拨号网络”可用来连接其他计算机的设备列表。在此列表中，选定要用于此连接的调制解调器、ISDN 或 VPN 适配器。如果列表中没有所需设备，请单击“控制面板”中的“调制解调器”图标以添加新调制解调器，或单击“控制面板”中的“网络”以添加新的 ISDN 或 VPN 适配器。我们可以单击“设置“按钮以修改此调制解调器的属性。

“服务器类型”选项卡（图 7-3）

在“拨号服务器”列表框中，列出可以呼叫的可用远程访问服务器的类型。根据连接类型的不同，该选择也不相同。对于拨号连接，如果不能确定应选择哪一种类型，请单击“PPP”。只有 ISP 或系统管理员指示这样做时，才可以单击“SLIP”。

在“高级选项”组框中，如选中“登录网络”复选框则指定“拨号网络”试图使用登录到 Windows98 时键入的用户名和密码登录到要连接的网络。如果选中“启用软件压缩”复选框则指定在发送前是否对拨入或拨出的信息进行压缩。信息压缩有助于加快传输速度。只有在互联的计算机都使用兼容的压缩方式时，才能进行信息压缩。如果选中“需要加密的密码”，则指定只有经加密的密码才能被发送或接收。此项对需要高安全性的连接尤其重要。在向外拨号时，请以正常格式键入密码，系统将自动加密。为使该项生效，与您连接的计算机必须支持加密密码。“需要数据加密”和“为此连接创建一个日志文件”不多做说明。

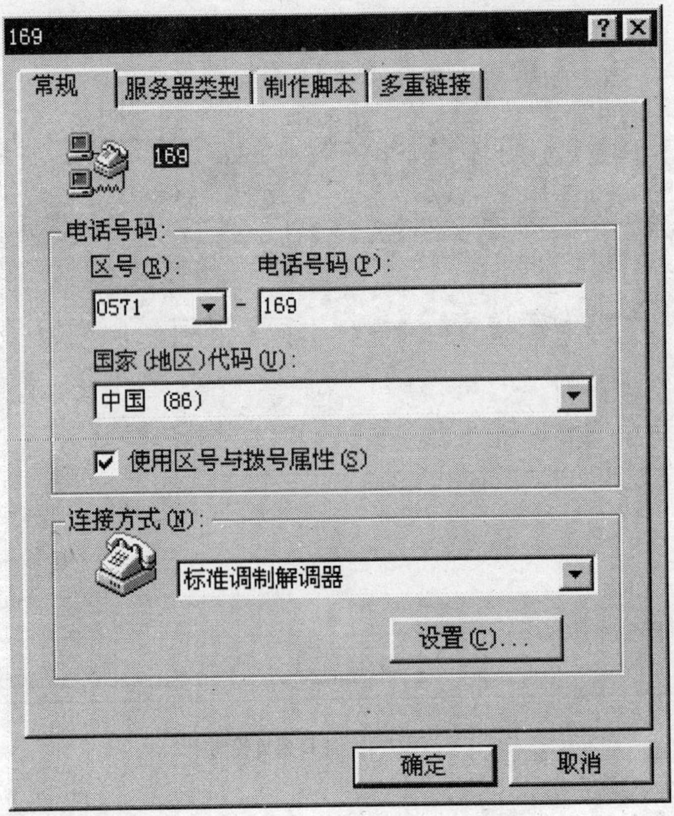

图 7-2　连接属性设置——常规

在“所允许的网络协议”组框中，指定计算机可以使用的网络协议。一般选择使用“TCP/IP”协议。

如果你选择使用 TCP/IP 协议，单击旁边的“设置”按钮，弹出“TCP/IP 设置”对话框（图 7-4）。在此对话框中，如果选中“已分配 IP 地址的服务器”单选钮，则指定“拨号网络”是从 PPP 服务器上接收 IP 地址。如果该 PPP 服务器不提供 IP 地址，系统将使用为“网络”对话框中的“TCP/IP → 拨号适配器”指定的 IP 地址。如果选中“指定 IP 地址”，则自己键入连接的首选 IP 地址。“拨号网络”将首先使用该地址。如果您拥有多个 Internet 账号（拥有自己在 Internet 上的真正的 IP 地址，而非私有的内部 IP 地址），并且希望不同的连接使用不同的 IP 地址，请使用该项。以上是设置 IP 地址。

同样在“TCP/IP 设置”对话框中，我们设置用于域名解析服务器（DNS）的地址。如果我们选中“已分配名称服务器地址的服务器”，则指定“拨号网络”是从 PPP 服务器自动获得 DNS 或 WINS 服务器地址。如果该服务器不提供 DNS 和 WINS 地址，系统将使用为“网络”对话框中的“TCP/IP → 拨号服务器”所指定的 DNS 和 WINS 地址。如同 IP 地址的设置一样，如果我们选中“指定名称服务器的地址”，请键入一到两个仅用于该连接的 DNS 和 WINS 服务器地址。“拨号网络”将首先试用这些地址。

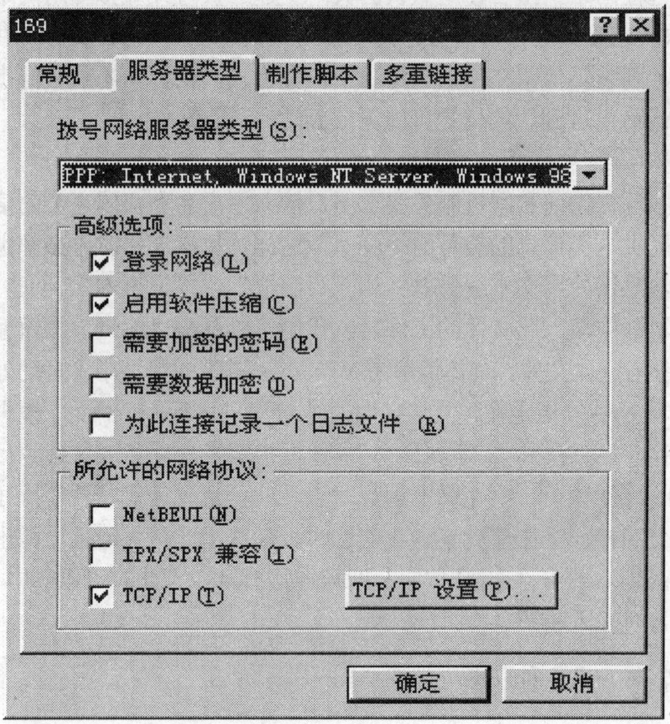

图 7-3 连接属性设置——服务器类型

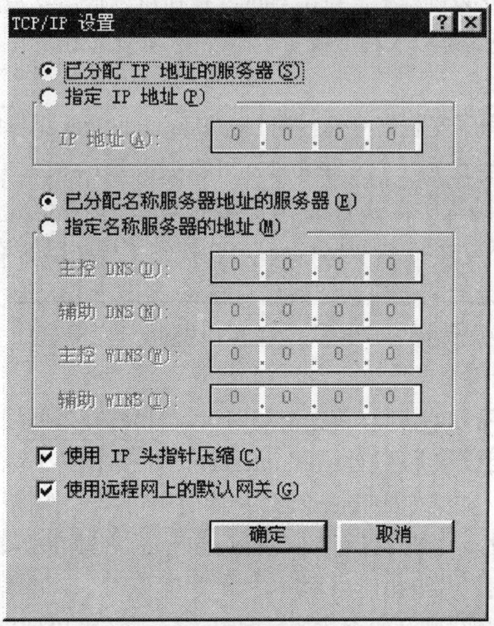

图 7-4 连接属性设置——TCP/IP

在“TCP/IP 设置”对话框中，“使用 IP 头指针压缩”单选框指定是否使用 TCP/IP 数据包头压缩。IP 头指针压缩将提高计算机之间的数据传输率。“使用远程网上的默认网关”单选框指定连接期间在远程网络上是否使用默认网关。当建立拨号或虚拟专用网络连接时，将在 IP 路由选择表中添加连接到远程访问服务器的新的默认路由，并分配给该路由最低指标。如果已存在默认路由，则它仍保留在路由选择表中但变为较高指标。添加较低指标的新默认路由后，使用原来默认路由可到达的位置可能无法到达。

“制作脚本”选项卡

许多 Internet 服务提供商和联机服务要求用户输入用户名和密码之类的信息才能建立连接。可以创建自动提供这类信息的拨号网络脚本，这样，每次连接时不必都键入这些信息。要创建拨号网络脚本，请使用文本编辑器（如“写字板”或“记事本”）创建 脚本文件。然后在“文件名”编辑框中填入此文件的文件名。我们可以单击“编辑”按钮编辑此文件，或者单击“浏览”按钮浏览此文件。具体请参考 Windows 自带的帮助中“自动处理拨号网络连接”。“逐步执行脚本文件” 指定在建立连接时脚本一次只运行一个命令。检查脚本错误时此设置非常有用。“启动时将终端屏幕缩到最小”复选框指定发送消息或从远程计算机接收消息时最小化显示信息的终端窗口。要在脚本运行时查看此信息，请确认已清除了此复选框。

到此为止，拨号连接已经创建完毕。我们这时可以双击此拨号连接，弹出一个对话框，然后输入用户名和密码，单击“连接”按钮，即可连接到 ISP。此时可以选中“保存密码”，这样，就无需在拨号时输入密码。

7.3.2 SyGate 的安装，运行和配置

一、SyGate 的安装

1．运行 SyGate 自解压程序，出现开始欢迎画面。在开始安装之前，强烈建议你退出所有的应用程序。还告诉你在安装过程中，点击 cancel 按钮可以退出安装并关闭应用程序，点击 Next 继续进行安装。出现的是版权和产权警告。点击 Next 按钮后，将会看到软件使用权协议，点击 yes 并继续。

2．选择将 SyGate 应用程序安装到何处。在 Destination Folder 组框中，显示程序将被安装到的文件夹。如果你想安装到另一个文件夹处，可以点击 Browse 按钮，并选择文件夹。

3．选择程序文件夹。安装程序将 SyGate 程序组的菜单安装在何处。如图中的选择，可以单击“开始”，选中“程序”，再选中“SyGate”，就找到了程序组的菜单。

4．选择安装模式。如果这台机器直接连接到 Internet,则选择服务器模式。但对于依赖服务器连接到 Internet 的机器，应选择客户模式。在客户机上安装 SyGate 并不是必须的。在本实验中我们选择服务器模式。

5. Sybergen 网络诊断程序开始诊断，首先检测网卡，再检测拨号网络适配器，寻找 TCP/IP 协议。网络诊断程序提示我们拨号上网，建立和 Internet 的连接(图 7-5)，然后，单击“Continue”按钮，继续运行此诊断程序。如果你的 Internet 连接此时不可用，则单击“skip”按钮，如果你选择 skip,则在提示组框中提示你以后运行 SyGate dialogics,继续完成安装，同时 finish 按钮变成 exit,单击此“Exit”按钮，并退出应用程序。

6. 如果单击“Continue”按钮，则开始查找拨号网络连接，并检测 TCP/IP 设置，“diagnostics output”输出诊断结果，“suggestion”框提示网络诊断程序成功结束。单击“finish”按钮退出

应用程序。

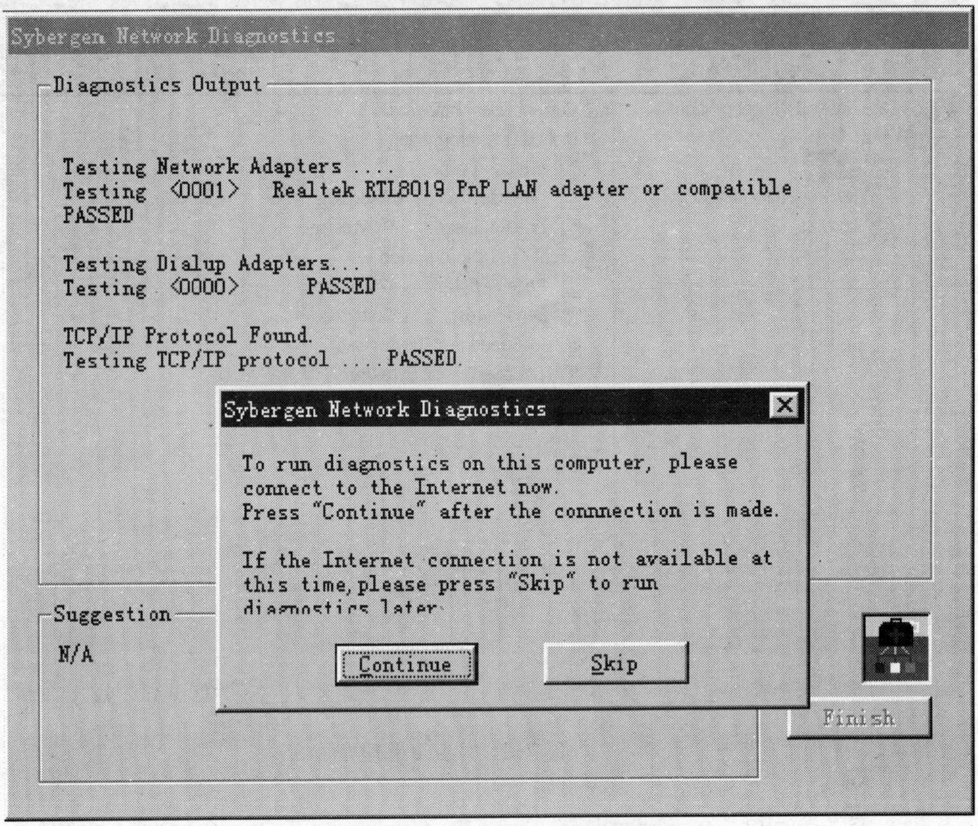

图 7-5 安装时 sybergen 提示进行网络诊断

二、SyGate 的运行和配置

如果我们在“configration”设置自动启动服务，那么伴随着 Windows 的启动，Sygate 自动启动。要想手动启动 SyGate 应用程序，选择“开始”>“程序”>“Sybergen”>”Sygate manage”。要想退出应用程序，单击“Service”菜单，选中“Exit manager”菜单项，或者右键单击“SyGate manager”的托盘图标，从弹出的菜单中选中“Exit manager”即可。

我们可以动态的启动和停止 SyGate 服务，当 SyGate 服务停止时，别的用户不再共享 Internet 连接。启动和停止服务，只需从 SyGate 管理器中单击工具栏上的“启动服务”按钮或者“停止服务”按钮即可（需要的菜单项是“Service”菜单下的“Start”菜单项或者“stop”菜单项）。我们可以注意到相应用户界面按钮的变化。在服务启动时，可以单击“Dial-Up”菜单中的“Dial”菜单项强制拨号，也可单击“Hang-Up”菜单项挂断连接。下图是连接到 Internet 后的 SyGate 的主用户界面。

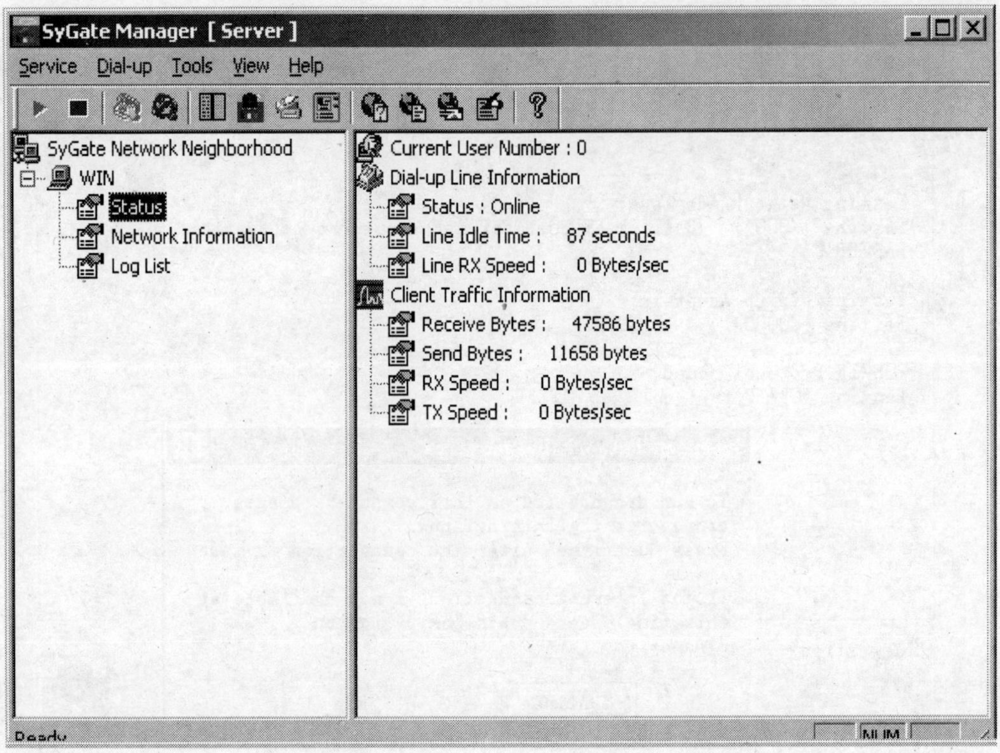

图 7-6 Sygate 管理界面

我们单击工具栏上的“配置”（configuration）钮，弹出一个对话框，几乎所有的配置工作都在这里完成。选择连接方法(Connection method)是“通过拨号上网”(Through Dial-Up Networking),在 Dialup/AOL Setting（拨号上网/AOL 设置）中，我们在“Dialup Entry”（拨号项）列表中，选择我们建立的连接。通过“Enter User Name and Password Manually”（手动输入用户名和密码）复选框可以选择是否每次拨号与 ISP 连接时，输入用户名和密码。通过选中“Auto-Dial When Clients Access Internet(Dial-On-Demand)”（当客户访问 Internet 时自动拨号——按需拨号）复选框，可以让 SyGate 服务器自动拨号，只要它检测到 Internet 业务。为启动按需拨号，我们必须在这个连接的配置中选中自动保存密码。我们可以设置 SyGate 服务器如果可以在多少秒之后没有 Internet 业务就自动挂断连接，只要填写 Auto Hang-up after 和 Idle seconds 中的编辑框即可。

再让我们逐项简单看看 Option 组框中的选项。从上到下依次是：自动启动 SyGate 服务(Auto-Start SyGate service)，使能内置 DHCP 服务器(Enable built-in DHCP server)，记录访问日志(Enable access log)，加强安全性(Enable enhanced Security)，启动内置的 Socks5 服务器程序（Enable built-in socks5 server）。具体信息请查看联机帮助。SyGate 可以控制用户能访问哪些 Web 站点（白名单——white list），或者不能访问哪些 Web 站点（黑名单——black list），具体信息也请查看联机帮助。

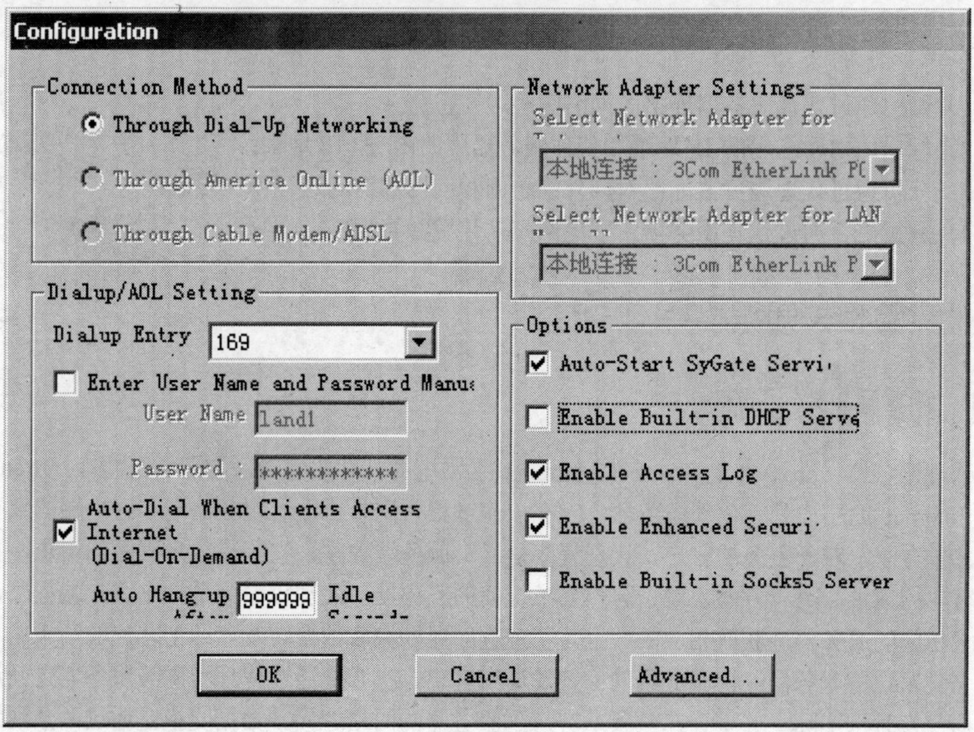

图 7-7 Sygate 配置设置界面

7.3.3 客户端的配置

下面，以 windows98 为例，进行代理服务器的配置。假定安装 SyGate 服务器端的主机的 IP 地址为 192.168.0.1。

（1）单击“开始”，指向“设置”，单击“控制面板”，然后双击“网络”，也可以打开“网络”对话框。

（2）从“已经安装了下列网络组件”列表中选择“TCP/IP Ethernet adapter”，并单击“属性”，打开“TCP/IP”属性对话框，然后点击“网关”选项卡，添加网关地址为安装 SyGate 的服务器端的地址，也就是直接与 Internet 进行连接的主机的 IP 地址。添加新网关的步骤如下：首先在“新网关”中键入此 IP 地址 192.168.0.1，然后点击“添加按钮”。

（3）选择“TCP/IP 属性”对话框的“DNS 配置”选项卡，设置 DNS 服务器为代理服务器主机的 IP 地址。具体步骤如下：在 DNS 服务器搜索顺序中键入此 IP 地址 192.168.0.1，然后单击“添加”按钮。

（4）因为 SyGate 是网关类代理服务器，此时，可以用 ping 命令通一台不在局域网内部的主机，注意，这台主机一定要有 IP 地址。如 www.sina.com.cn。客户应用程序如 IE，OutLook Express 等不能配置成代理连接。现在，我们如同直接在 Internet 上一样，所有的客户应用程序配置成直接 Internet 连接即可。

7.4 实验报告

1．画出通过代理服务器连接的网络图；

2．标出内部网络用的 IP 地址和代理服务器用的内/外 IP 地址；

3．分析通过代理服务器能够对向外的访问和向内的访问进行哪些限制；

4．分析能否通过代理服务器实现上网统一计费和管理。

7.5 实验相关知识

7.5.1 代理服务器

代理服务器（proxy）是 Internet / Intranet 上常用的一种服务器，它通常配置在 Intranet 连接 Internet 的出口处。代理服务器，它在工作过程中同时扮演着服务器端和客户端的双重角色。一方面，对于服务的客户，代理程序是一个服务端程序，它等待客户程序的请求，并获得客户的请求。另一方面，对于客户要求访问的服务器，代理程序又是一个客户端程序，它请求相应的服务器，获取相应的数据。代理程序还要完成数据转发，即把客户的请求用自己的名义发送给服务器；把服务器的应答发送给客户。在客户通过代理程序与服务器之间进行数据交换时，实际上并不存在一条从客户到服务器的网络连接。数据交换是通过两条网络连接和应用代理程序的中转完成的，我们将从客户端到代理服务器的网络连接称作客户连接，将从代理服务器到服务器的网络连接称为服务连接。客户连接、服务连接加上应用代理程序的中转，构成了客户端与服务器之间的虚连接。客户端与服务器通过这条虚连接来传递数据，完成用户所要求的工作。

代理服务器其主要好处有：中转数据；通过暂存数据来减少 Internet 网络流量，节省用户时间；节省 IP 地址；用作防火墙，保护 Intranet 内部数据；对传输的数据进行处理；对数据传输进行记录。

代理服务器在内部网一侧往往是局域网接口(网卡)，而在外部网一侧可能是广域网接口(Modem)。一般来说，如果内部网是 Intranet，外部网是 Internet，则代理服务器在 Intranet 上的连接往往配置了局域网接口，而在连接 Internet 一侧配置了广域网接口。至于代理服务器本身则选择中、低档 PC 服务器或低档 RISC 服务器为多。

7.5.2 PPP 简介

当我们拨号上网时，我们的计算机和 ISP 的路由器两者在数据链路层上的通信协议往往是 PPP（点到点协议）。PPP 协议提供如下三部分：

1．一种成帧方法。这种成帧方法可以毫无二义地区分一个帧的结束和另一个帧的开始。帧格式也提供了差错检测。

2．一种链路控制协议。它可以初始化线路，检测它们，选项协商，和当不再需要此线路的时候，关闭此线路。这个协议成为链路控制协议(LCP)

3．一种协商网络层选项的方法。这种方法独立于使用的网络层协议。这是通过为每一种支持的网络层协议有一种不同的网络层控制协议（NCP）实现的。

下面介绍服务器是如何实现拨号上网的。当服务器呼叫 ISP 的路由器时，在物理连接建立后，服务器发送给 ISP 的路由器一系列 LCP 包，这些包是在一个或者多个 PPP 帧中。这些包和它们的应答选择了使用的 PPP 参数。这时，为确保安全而接受身份鉴定，比如输入用户名和密码。当这些协商完毕以后，又有一系列 NCP 包被发送用于配置网络层。典型的情况是，服务器运行 TCP/IP 协议栈，要想上网，它需要一个公用的 IP 地址。ISP 这时就通过 NCP 包为我们分配一个 IP 地址。这时，服务器是一台真正的 Internet 上的主机，能够和 Internet 直接通信。当使用完毕，NCP 用来关闭网络层连接，并且释放 IP 地址。然后 LCP 用来关闭数据链路层连接。最后服务器告诉 Modem 挂断电话线，释放物理层连接。

7.5.3 SyGate 简介

SyGate 这种软件产品，通过让一台主机作为网关，从而使局域网上的多个用户共享到 Internet 的一条连接。用 SyGate 3.1，一个小局域网上的用户（包括膝上电脑）可以廉价地访问 Internet。SyGate 3.1 可以运行在 windows 95 ,window 98, windows 2000, windows NT 系统上，并且支持到 Internet 的多种连接方式，其中包括模拟调制解调器，线缆调制解调器，ISDN，xDSL，DirectPC。同别的代理服务器相比，SyGate 安装十分容易。

SyGate 3.1 由一个核心应用（SyGate 服务器）和一个可选的客户端部件组成（SyGate 客户）。SyGate 服务器安装在一台能够直接访问 Internet 的工作站上，它管理了从局域网的工作站到 Internet（通过 ISP）的连接的所有方面。SyGate 服务器是在后台完成这些任务，并且它的操作对用户透明。而客户端则可以安装在局域网的任何一台工作站上。SyGate 服务器端有管理到 Internet 连接的 SyGate 引擎，但客户端没有。你可以安装客户端软件来完成特定的工作，比如检查连接的状态、拨号、或者挂断。比如，你可能在管理员的机器上安装 SyGate 客户端，这样，他们可以从自己的工作站远程管理 SyGate 而不用直接到服务器的跟前。

SyGate 服务器通过网卡接收到局域网上的客户请求数据包后，将此数据包的源 IP 地址变成自己在拨号网中的 IP 地址后，通过拨号网络适配器经调制解调器传递至目的地，同时记录下这个请求对应的客户机。当相应的应答由 ISP 送至 Sygate 服务器时，SyGate 服务器再将此应答传递给请求的客户机。

实验八　网络管理系统参观

8.1　实验目的

通过参观实际的网络管理系统，建立网络管理的初步印象。了解网络管理系统在网络管理方面的作用和地位。

8.2　实验要求

现场参观一个实际网络管理系统。可以联系网络管理应用比较先进的电信部门，如数据通信局的163/169机房、程控机房等。了解一个具体网络管理系统在实现网络管理功能方面的具体体现。

8.3　实验步骤

在参观之前要先研究一下需要了解的内容。在参观的时候要带着问题去看。以下列出一些常见的问题：

一、基本问题

1．此管理系统的产品名称是什么，来自哪个厂商，价格多少？

2．此管理系统可支持多少节点；支持哪些类型的设备；对每种类型，举出几种常用产品。

3．此管理系统管理那个（些）网络，能画出这个网络的逻辑拓扑（比如总线型，环型）和具体的物理拓扑吗？这些对了解网络管理系统的功能在具体物理实体的分布，即什么设备上的什么软件（或者芯片）承担什么功能很有帮助。再画出网络的协议栈，并对网络的每层的功能加以叙述，并与协议物理实体相连接。

4．此管理系统所使用的通信协议是什么，能否将教材上的逻辑模型与具体的物理实现对应起来？具体的物理实现是指具体的网络设备，设备上运行的软件，或者更深一层：芯片、进程、线程。请画图表示。

5．这个网络管理工具是否支持将管理负载分布到各个结点上，这种管理负载分布的能力对于广域网尤其有用。每个管理结点上的数据只是反映所管区域的网络，并形成视图，这些视图又是如何综合在一起的呢？

6．网络管理工具通过可选的模块提供了大量的服务，其中包括来自第三方的模块。请说出此综合管理软件包的各个模块及其功能。

7．管理系统往往采用图形用户界面，往往有多媒体效果，如用不同的声音表示不同的地方的不同的故障。你觉得用户界面有哪些特色？

二、具体管理问题

搜集数据，加以存储，进行分析，发现问题，解决问题。这是一个实现一种管理的基本步骤。我们就在网络管理工具的辅助下，完成管理工作。网络管理工作往往跨越多个功能域，我们可以通过追踪网络管理员的工作，看看在多种多样的工作中，网络管理工具所起的作用。有时，我们用组成此管理系统的各个模块，来看看功能的具体体现。这时，我们用管理员所作的工作以及模块的角度来详细观察这个管理系统，并加以记录。

三、高级问题

1. 大多数管理系统提供了开发平台，可进行二次开发。这样，我们可以定制此平台，使其更能满足我们的需要。此平台的编程接口是什么，对这些编程接口的基本概念和架构应有所了解。

2. 如何既能满足管理需求，又使网管数据所占带宽更少呢？从空间上进行分层，设置多个远端监控结点，分别管理局部网域；这些远端监控结点将必需的信息发往主控结点；从时间上适当增大轮询时间间隔，更多的使用从代理到管理站的事件。除此以外还有别的途径吗？

3. 能从软件工程的角度讨论一下网络管理系统的软件开发吗（设备的多种多样、功能的复杂庞大、与各个开发商的合作、编程接口的提供……）？

四、参观报告

参观完毕，整理一份参观报告。

8.4 实验报告

1. 画出所参观的网络管理系统的简单逻辑图；
2. 写出该网络管理系统实现了哪些功能；
3. 该网络管理系统有些什么优点和不足。

8.5 实验相关知识

SNMP（Simple Network Management Protocol，简单网络管理协议）是一种网络管理标准，广泛用于TCP/IP网络和IPX（Internet package exchange，因特网包交换）网络。

一、网络管理模型

网络管理的SNMP模型包括4个组成部分：管理节点、管理站、管理信息和管理协议。

管理节点可以是主机、路由器、网桥、打印机，以及任何可与外界交流状态信息的设备。为了便于SNMP直接管理，节点必须能运行管理进程，即SNMP代理（SNMP agent）。所有的计算机以及越来越多的用于网络的网桥、路由器和外部设备都满足这个要求。有些设备可能不具备在内部运行SNMP代理的能力，因此SNMP定义了代理设施（Proxy agent）来监视这些非SNMP设备，并作为他们的代表与管理站通信，可能还会用某些非标准协议与这些设备通信。

网络管理由管理站（Management Station）完成，管理站实际上是运行特殊管理软件的普通计算机。由于大多数实际网络都采用了多个制造商的设备，为使管理站能与所有这些设备进行通信，所以SNMP必须严格定义这些设备保存的信息。每个设备都具有一个或多个变量来描述其状态。SNMP 把这些变量叫做对象（object），所有对象都存放在一个叫管理信息库MIB(Management Information Base)的数据结构中。

管理站使用 SNMP 协议与代理通信。该协议允许管理站查询代理的本地对象的状态，必要时修改。大多数的 SNMP 由这种查询-应答方式的通信构成。有时管理节点可能会发生崩溃又重启，线路中断又恢复以及拥塞等等情况。当一个代理发现了此类的事情，它立即把事件汇报给配置表中的所有管理站，这个报告叫做 SNMP 陷阱（trap）。因为管理节点到管理站的通信并不可靠（没有应答），所以比较好的做法是管理站时常查询各个管理节点，检查意外情况。这种较长时间查询一次，但在受到陷阱报告时加速的方式叫做陷阱指导查询(trap directed polling)。

最后，在 SNMP 中，保密和鉴别起着重要的作用。管理站具有了解它所控制的众多节点的能力和关闭他们的能力。因此，代理必须确认那些宣称来自管理站的消息确实来自管理站。在 SNMPv1 中，管理站通过在每条消息中设置一个明文密匙来证明自己。在 SNMPv2 中，使用了现代加密技术。

二、网络管理的 5 个功能域

（1）故障管理

失效管理包括 3 个主要的主要的方面：必须发现失效；必须对失效进行分离，对计算机中的故障进行定位；在可能的情况下，排除故障。

发现失效，需要搜集有关网络的信息。我们可以用下面方法中的一种，但最好是一起使用：记录重要网络事件或定期的对设备进行查询。在信息搜集的过程中还需要判定对一个特定的设备故障需要进行哪些管理。网络管理者在作出这个决定时应考虑以下因素：a. 对网络的控制范围，它将影响从网络设备获得信息的数量。b. 网络的大小。

（2）配置管理

配置管理包括 3 个主要的方面：利用工具自动获取网络的配置信息；考虑到安全性和协议支持，利用配置工具进行配置；存储配置，生成多种设备清单和报表。

（3）安全管理

网络安全管理通过对网络主机或设备的特殊配置，来控制计算机网络中的访问点（软件服务，硬件组成和网络媒体）从而保护计算机网络中的敏感信息。但这种安全管理离不开操作系统安全和物理安全的实施。同时有效的安全管理需要安全管理者平衡保护敏感信息的需要和用户访问适当信息以开展工作的需要。

网络安全管理包括下面 4 个步骤：

a. 确定要保护的安全信息；

b. 找出访问点；

c. 使用如加密、包过滤、主机认证、用户认证以及密匙认证等方法保护访问点；

d. 维护安全访问点。

（4）性能管理

性能管理保证计算机网络可以被访问从而使用户能有效的使用它。它通过监视网络设备和他们的相关连接的使用率并确保设备和连接的容量不被过分占用对性能产生有害影响的地步来实现这一点。

性能管理包括如下 4 个步骤：

a. 搜集网络设备和连接的当前使用率数据；

b. 分析有关数据，找出高应用率趋势；

c. 设置使用率阀值；

d. 使用网络模拟确定如何调整网络到最佳性能。

（5）计费管理

计费管理使网络管理者能测量用户对网络资源的使用情况，设置并检查顶额，并为拥护开具网络使用账单。实现计费管理包括四步：

a. 确定计费原则；

b. 搜集关于网络使用情况的数据；

c. 设置使用定额；

d. 为用户开具网络使用账单。

实验九　网络管理实验　感受网管系统的基本功能

9.1　实验目的

通过实际操作一个网络管理系统，感受网络管理的基本功能，加深对网络管理的认识。

9.2　实验要求

提供一个简单的，基于SNMP网管协议的网管系统软件，模拟SNMP协议的工作原理，并且实现网管系统的基本功能。由学员操作，感受网管系统的基本功能。

9.3　实验步骤

下面介绍在Window NT系统中安装和使用SNMP网络管理的方法。

9.3.1　SNMP安装规划

安装SNMP服务前，系统管理员必须确认下列信息：

- 联系人和本地计算机系统管理员的位置；
- 可由网络主机共享的团体名；
- IP地址、IPX地址、SNMP管理控制台的网络计算机名字或作为捕获消息的目的地的控制台，是特定团体内计算机生成的（并非所有SNMP管理控制台都必须是捕捉目标位置）。

一、代理配置

选取“Microsoft SNMP Properties”页上的Agent选项卡，可配置SNMP代理。对默认配置，代理配置选项是可复选的，见下图所示。用户只需要添加联系人名字，比如网络管理员和联系位置。

二、团体名字

团体名字为SNMP服务提供初级安全模式。可用“Microsoft SNMP Properties”页的Security选项卡增删团体名字。也可以过滤掉计算机将接收的那类数据包。下图（图9-2）说明“安全性选项卡”。

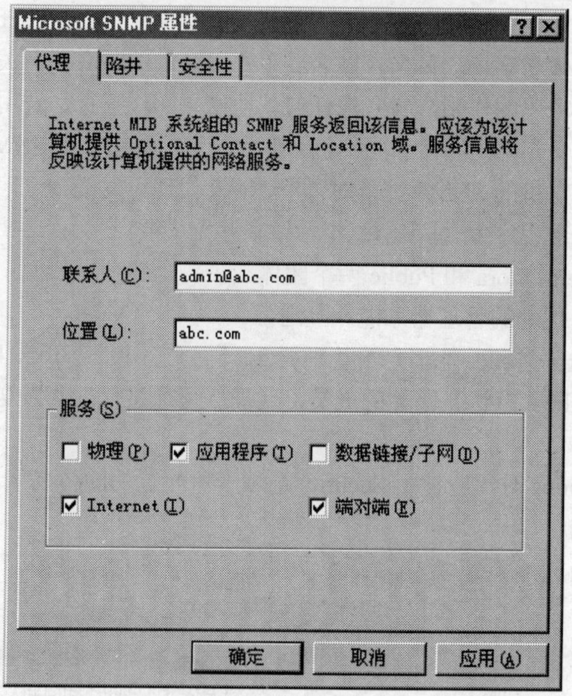

图 9-1　设置 SNMP 代理

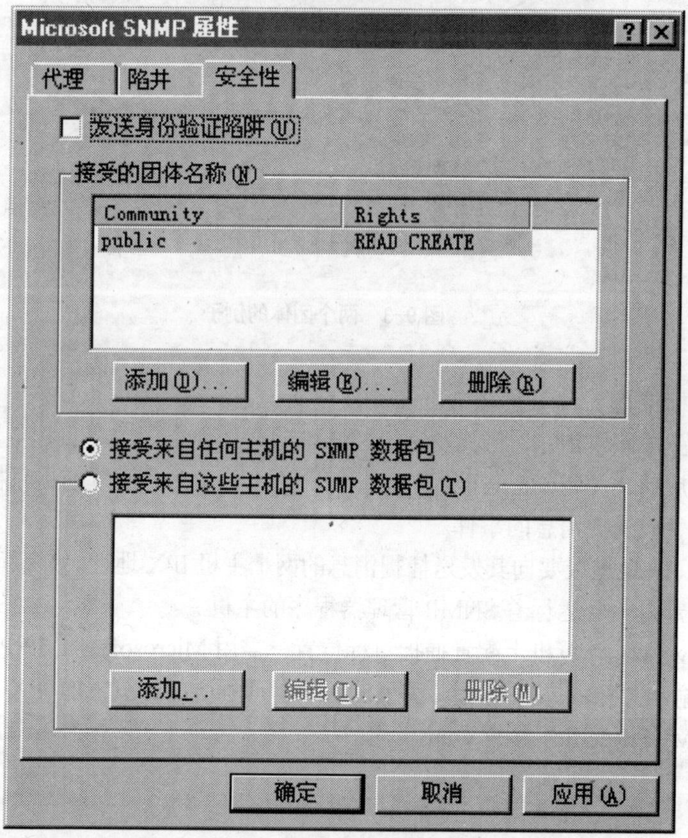

图 9-2 设置 SNMP 团体安全性

至少用一个团体名字配置 SNMP 服务。默认安装的团体名字为 Public。可以删改默认团体名字，并增加多个团体名字。团体名、域名或工作组名之间没有任何关系。对于网上主机群，团体名字起着共享密码的作用，并应像任何其他密码那样执行、选用和更改。物理位置彼此邻近的团体成员（享有相同团体名的主机）形成典型的群组。当 SNMP 代理收到不含正确团体名字或来自未知主机的 SNMP 请求时，此 SNMP 代理可发送一个陷阱到一个或多个捕获目标位置（SNMP 管理程序），捕获消息指示请求鉴别失败。

在图 9-3 中，有 Terra Flora 和 Public 两个团体。

只有用相同团体名代理的管理器才能相互通信。

- 代理 1 可发送陷阱和其他消息给管理器 2，因为它们都是 Terra Flora 团体的成员。
- 因为都是 Public（默认）团体的成员，代理 2 可通过代理 4 发送陷阱和其他消息给管理器 1。

配置 Trap Destinations 时，应使用 Security 选项卡所配置的团体名字。

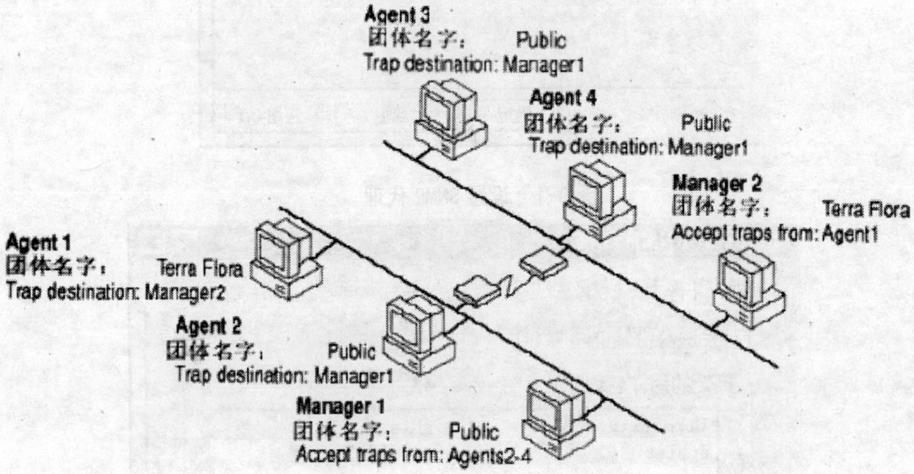

图 9-3 两个团体的例子

三、捕捉目标位置

SNMP 代理生成陷阱消息，将其发送给 SNMP 管理控制台即陷阱目标位置。捕捉消息会因诸如主机系统启动、关闭或密码破坏等变化而产生。可由用户配置捕捉目标位置，但要由 SNMP 代理内定生成捕捉消息的事件。

由计算机名、IP 地址或要向其发送捕捉消息的网上主机 IPX 地址，来标识捕捉目标位置。捕捉目标位置一定是一台运行着 SNMP 管理器程序的主机。

要在 Windows NT 计算机上配置捕捉目标位置，需用 Microsoft SNMP Properties 页上的 Traps 选项卡，输入主机名、IP 地址或运行 SNMP 管理程序的计算机的 IPX 地址。图 9-4 表示 Microsoft SNMP Properties 页的 Traps 选项卡。

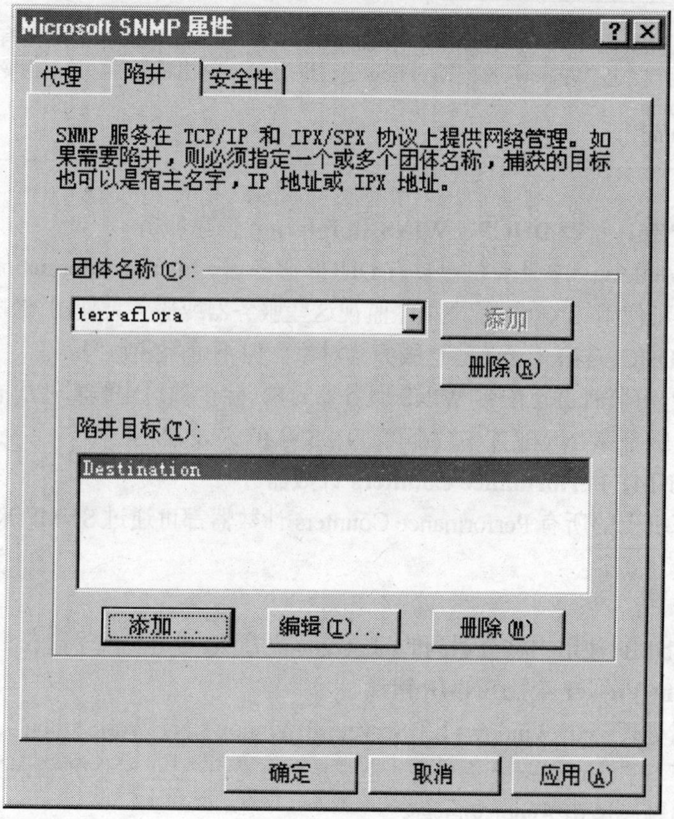

图 9-4 设置 Trap

9.3.2 使用 SNMP

安装好 SNMP 服务后，网络管理员就可以：

- 使用 SNMP 管理程序查看和修改 LAN Manager 中的参数和 MIB-ⅡMIBs 的参数。
- 使用 SNMP 管理程序监视和配置网上任何 WINS 服务器的参数。
- 使用 SNMP 管理程序监视 DHCP 服务器。
- 使用 Performance Monitor 监视与 TCP/IP 有关的性能计数器，即 ICMP，IP，Network Interface，TCP，UDP，DHCP，FTP，WINS 和 Internet Information Server 的性能计数器。
- 使用 Windows NT Server Resource Kit 的实用程序，实现简单的 SNMP 管理器功能。

一、启动和终止 SNMP 服务

安装 SNMP 服务后，它自动随计算机的启动而启动，不用用户去启动它。然而，若是终止了 SNMP 服务，它就不能自动启动而必须重新启动。终止一个服务即取消此服务所使用的网络连接。

在命令行键入命令 netstart snmp 和 netstop snmp，可启动和终止 SNMP 服务；也可将鼠标指向 Control Panel，双击 Services 图标，选取 SNMP，单击 Start 或 Stop 服务按钮。

要增加新扩展代理 DLLs 和 MIBs，必须终止并重新启动 SNMP 服务。

> **注意**：在 Windows NT 4.0 中，命令 “net start snmp”和 “net stop snmp”的语法有变。不再支持 SNMP 出错记录参数，而代之以 Windows NT Event Log 中改进的 SNMP 出错处理。这些命令的语法是：
>
> net start snmp
>
> net stop snmp

二、使用 SNMP 管理 DHCP、WINS 和 Internet 信息服务

如果网上 Windows NT 计算机已装有 DHCP 服务器、Internet Information Server 或 WINS 等服务器软件，可使用 SNMP 管理程序监视这些服务器或服务。使用 SNMP，可监视基于 Windows NT 的 DHCP 与 Internet 信息服务器对象，但不可配置它们。

使用 SNMP，可监视并可配置 WINS 服务器对象。除少数可由编辑注册表来设置的 WINS 配置参数以外，所有 WINS 配置参数都可使用 SNMP 来设置。

三、使用 SNMP Performance Counters 计数器

安装在计算机上的所有 Performance Counters 计数器都可通过 SNMP 来查看。

9.3.3 SNMP 故障诊断

本节讨论 SNMP 使用中将会遇到的问题及解决办法。

一、用 Event Viewer 查找 SNMP 错误

SNMP 出错处理已在 Windows NT Server 和 Windows NT Workstation 4.0 中做了改进。改进后的出错处理与 Event Viewer 集成在一起，取代了手工配置 SNMP 错误登录参数。若怀疑 SNMP 服务有问题，请用 Event Viewer。

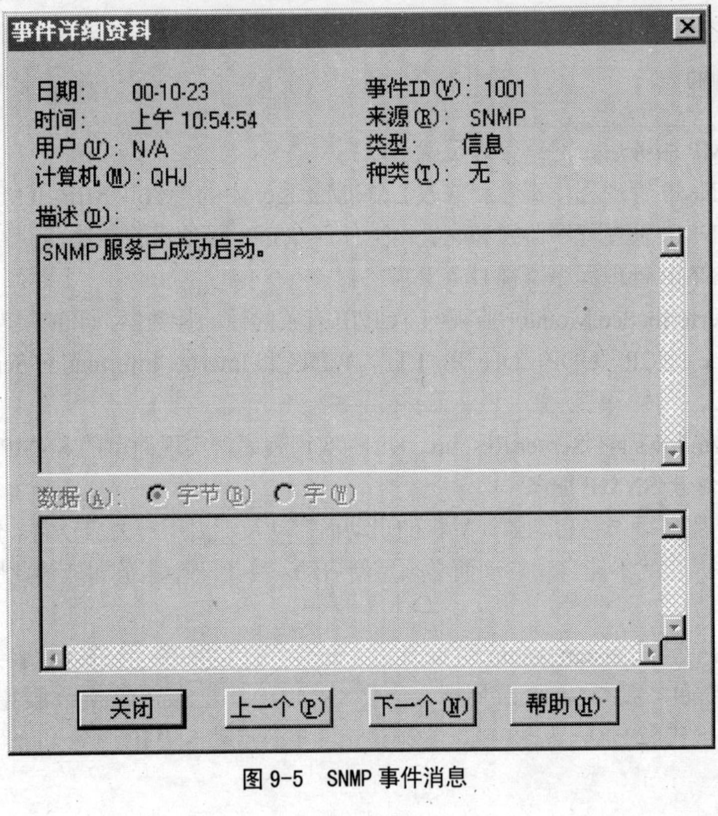

图 9-5 SNMP 事件消息

Event Viewer 用法

1. 启动 Start 菜单，指向 Programs。

2. 单击 Programs 菜单的 Administrative Tools。

3. 双击 Event Viewer 显示 System Log。

4. 如果有任一事件在 Source 栏中经确认为 SNMP 事件，双击该行，可显示 Event Detail。下图为在 Event Viewer 中显示的 SNMP 事件。

二、修改注册表中的 SNMP 参数

注册表中包含有 SNMP 参数和有关 SNMP 扩展代理 DLLs 的信息。可使用注册表(Regedt32.exe)查看或修改这些信息。

启动 Registry Editor 的方法：

1. 单击 Start 按钮并单击 Run。

2. 在命令行框内键入 regedt32。

> **警告**：使用 Registry Editor 不正确会引起严重的系统性问题，可能需要重装 Windows NT 加以纠正。Microsoft 公司不能保证解决由于不正确使用 RegistryEditor 而引起的任何问题。

基于 Window NT 的 SNMP 参数包含在注册表的下列关键字中：

HKEY_LOCAL_MACHINE\System\CurrentControlSet\Service\SNMP\Parameters

表 9-1 说明注册表中的 SNMP 参数。

表 9-1 注册表中的 SNMP 参数

注册表参数	说　　明
EnableAuthenticationTraps Units:Boolean Range:0(Off) or 1(On) Default:On	On(1)表示只要 SNMP 服务收到一条请求，该请求未与其列表中的任何团体名或主机过滤器相匹配，便发送一个陷阱。Off(0)表示在相同情况下，不发送陷阱。
ExtensionAgent	包含有关每一个要加载的扩展代理 DLLs 信息。
ValidCommunities Units:names Range:— Default:public	指定一个或多个定义主机组的团体名，SNMP 服务从这些主机群接受请求。
TrapConfiguration Units:name Range:— Default:—	指定一个或多个主机名、IP 地址或 IPX 地址定义主机，SNMP 将陷阱发送到该主机。在该键(TrapConfiguration)下的每一个团体都有一个键。在 ValidCommunities 关键字下，其对应团体有捕捉目标数值。

三、WINS 服务器查询超时

在查询 WINS 服务器时，可能有必要增加 SNMP 管理系统上的 SNMP 超时间隔。如果有些 WINS 查询工作和其他超时事件出现，则应增加超时间隔。

四、Performance Monitor 中无计数

必须安装 SNMP 服务才可在 Performance Monitor 上看见 TCP/IP、Internet 控制信息协议(ICMP)、Network Interface 或 UDP 性能计数器。一旦安装了 SNMP 服务，下列与 TCP/IP 相关的计数器便增加到 Performance Monitor 中：

1. ICMP

2．IP

3．Network Interface

4．TCP

5．UDP

安装 TCP/IP 时并不自动安装 SNMP。

> 注意：当用 IPX 协议作主网协议时，可使用 SNMP 监视的 TCP/IP 对象为空。

五、将 IPX 地址错用为捕捉目标

如果安装 SNMP 服务时输入一个 IPX 地址做为捕捉目标位置，在启动计算机时可能出现下列出错信息：Error 3。

为了用逗号或连字符区分网络号和 MAC 地址而使所输入的 IPX 地址不正确，会出现此问题。例如，HP Open View 这样的 SNMP 管理程序可能正常接收如 00008022,0002C0-F7AABD 这样的地址。然而，Windows NT 的 SNMP 代理却不能识别在网络号与 MAC 地址之间的逗号或连字符。

必须用“8.12”格式，来区分捕捉目标位置所用地址中的网络号和介质访问控制(MAC)地址。

按“8.12”格式为捕捉目标位置输入 IPX 地址，可消除此问题。例如，下列格式是合法的：xxxxxxxx.yyyyyyyyyyyy。此处，xxxxxxxx 是网络号，yyyyyyyyyyyy 是 MAC 地址。

9.4 实验报告

1. 分析 SNMP 的工作原理；
2. 写出用 SNMP 查看了和修改了哪些系统参数。

9.5 实验相关知识

9.5.1 SNMP 网管协议基础

一、一些定义

SNMP（Simple Network Management Protocol 简单网络管理协议）：它是一个标准的用于管理 IP 网络上结点的协议。此协议包括了监视和控制变量集以及用于监视设备的两个数据格式：SMI 和 MIB。

MIB（Management Information Base 管理信息库）：由网络管理协议访问的管理对象数据库，它包括 SNMP 可以通过网络设备的 SNMP 管理代理进行设置的变量。

SMI（Structure of Management Information 管理信息结构）：用于定义通过网络管理协议可访问的对象的规则。SMI 定义在 MIB 中使用的数据类型及网络资源在 MIB 中的名称或表示。

ASN.1（Abstract Syntax Notation One 抽象语法定义）：用于定义语法的正式语言，在 SNMP

中它用于定义 SNMP 协议数据单元和对象的格式。

PDU（Protocol Data Unit 协议数据单元）：在网络中传送的数据包。

BER（basic encoding rules 基本编码规则）：由 CCITT (X.209)和 ISO (ISO 8825)指定的编码规则，它描述了如何将 ASN.1 类型表示为字符串。

二、SNMP 介绍

SNMP 作为 Internet TCP/IP 协议套件的一部分，在 Internet Engineering Task Force(IETF)标准（草案）1155、1157 和 1213 中定义。下表说明这些 RFCs。

表 9-2　定义 SNMP 的 RFCs 的名称与说明

RFC#	名　称	说　明
1155	基于 TCP/IP 的 Internet 的管理信息结构与标识	定义用于在 MIB 中定义数据对象的结构
1157	简单网络管理协议(SNMP)	定义 SNMP 通信格式与操作
1213	针对基于 TCP/IP 的 Internet(:MIB-II)的网络管理信息基准	定义基本的和工业通用类型的管理对象

使用 SNMP 进行网络管理需要下面几个重要部分：管理基站，管理代理，管理信息库和网络管理工具。管理基站通常是一个独立的设备，它用作网络管理者进行网络管理的用户接口。基站上必须装备有管理软件，管理员可以使用的用户接口和从 MIB 取得信息的数据库，同时为了进行网络管理它应该具备将管理命令发出基站的能力。

管理代理是一种网络设备，如主机，网桥，路由器和集线器等，这些设备都必须能够接收管理基站发来的信息，它们的状态也必须可以由管理基站监视。管理代理响应基站的请求进行相应的操作，也可以在没有请求的情况下向基站发送信息。

MIB 是对象的集合，它代表网络中可以管理的资源和设备。每个对象基本上是一个数据变量，它代表被管理的对象的一方面的信息。

最后一个方面是管理协议，也就是 SNMP，SNMP 的基本功能是：取得、设置和接收代理发送的意外信息。取得指的是基站发送请求，代理根据这个请求回送相应的数据，设置是基站设置管理对象（也就是代理）的值，接收代理发送的意外信息是指代理可以在基站未请求的状态下向基站报告发生的意外情况。

三、MIB 和对象

MIB 包括了对象列表，这些对象与指示对象类型的 OBJECT IDENTIFIER 相关。MIB 的结构是树形结构，有两种方式可以访问 MIB 中对象的值，一种是快速访问，另一种慢速访问，快速访问时只用输入一些数据，慢速访问时要加上其它信息。

SNMP MIB 是对象的定义，是十分严格的。定义指定了对象的数据类型，允许的形式，取值范围和与其它 MIB 对象的关系。ASN.1 定义方法用来定义每个对象，同时也定义整个 MIB 结构。

有两种不同对象数据结构：通用类型和专用类型，通用类型指的是整数，字符串，空值，对象标识，序列和序列号；专用类型是指网络地址，IP 地址，记数器，标准等。

若要定义对象自身，必须使用 ASN.1。下面是一个基本的定义结构：

<模块名> DEFINITIONS ::=

BEGIN

EXPORTS

IMPORTS

AssignmentList

End

四、体系结构

- 所有在应用层下的 TCP/IP 层都有它自己的 SNMP 结构（如图 9-6）；
- 硬件制造商可以在它的产品中实现了相应的管理结构；
- 从图上可以看到有许多 MIB，但服务器只有一台。

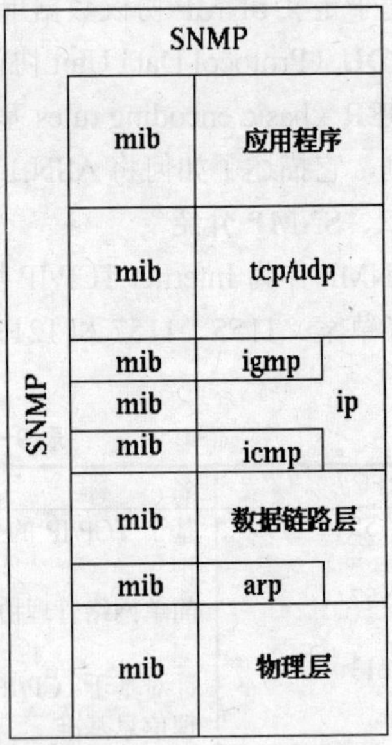

图 9-6　简单网络管理体系结构

五、服务器处理过程

- 基站发送的请求仅有两种类型，取值和赋值。
- 一个请求可以进行多个操作，如图 9-7。

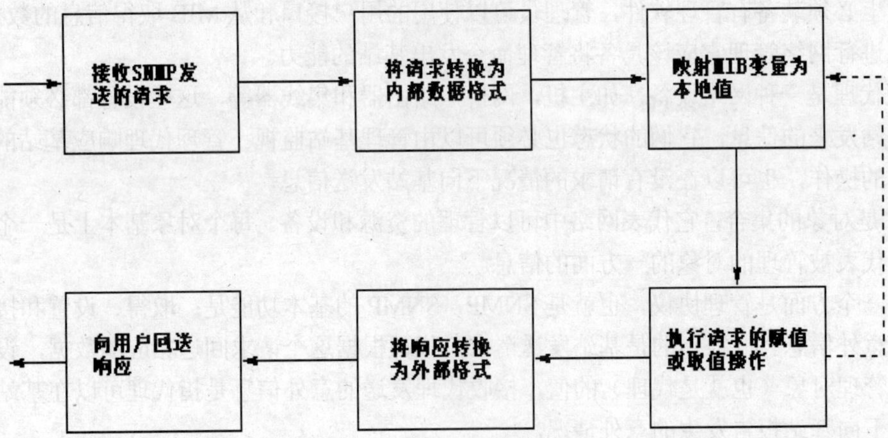

图 9-7　SNMP 数据处理流程图

六、ASN. 1

- ASN.1 是用于定义 MIB 对象的高层计算机语言；
- SNMP 使用 ASN.1 子集的基本类型：整数，字符串，对象标识符，序列和空值；
- BER 用于将 ASN.1 编译为 SNMP 可以传送的字符串，在 SNMP 代理间传送。对于变量 ASN.1 使用词典顺序进行有序排列，并定义了层次状态的名字空间；
- 词典式排序可以使服务器不需要知道被请求的变量的大小而直接响应请求；

- 所有的变量都有后缀 iso.org.dod.internet.mgmt.mib 或 1.3.6.1.2.1。

七、PDU

- 客户可以发送以下三个基本命令：设置，读取和取下一个；
- 设置和读取指令使服务器进行直接变量映射；
- 取下一个指令指定要取的变量名，服务器根据变量当前所排的字典序返回指定变量名下一个变量的值，在不知道表大小的时候这条指令十分有用；
- 在层次的树状结构中可以一次前进一个结点，当然这样会因为要多次发送请求和相应于请求的数据而对网络造成不必要的压力，也可以在树状结构中一次取得多个点的数据；
- 如果发生意外情况，客户会向服务器的 162 端口发送一个消息，告知服务器指定的变量值发生了变化。通常由服务器请求而获得的数据由服务器的 161 端口接收。

八、**Hash 表设计**

- Hash 表用于快速查找变量，Hash 表是一个指针数组，每个数组指向一组具有相同 Hash 值的结点。
- 如果需要查找 MIB 变量的值，服务器根据变量名的数字表示经过 Hash 函数计算后得到数组索引值，通过查找数组相应元素指向的结点可以找到需要的数据。

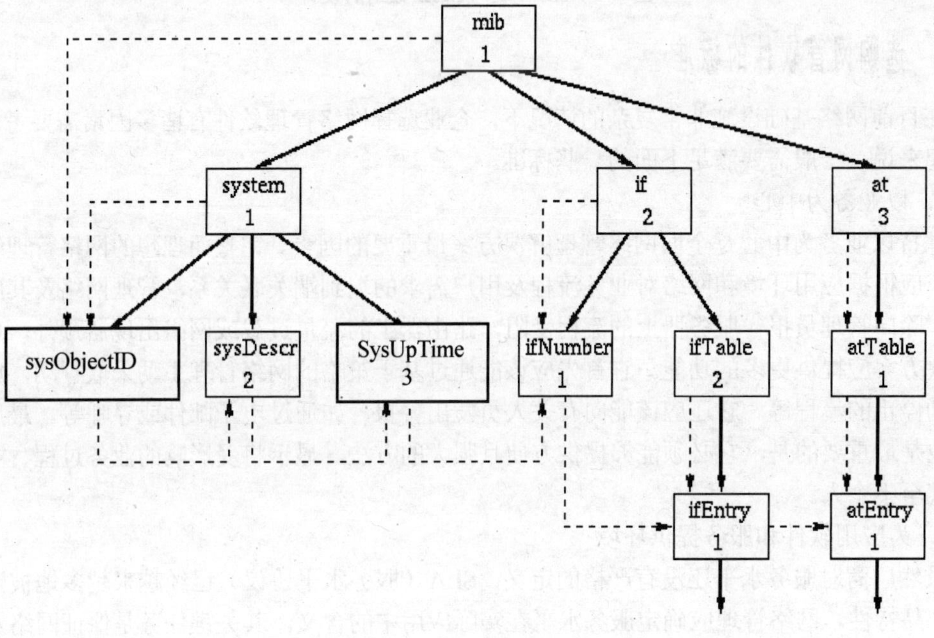

图 9-8　MIB 树结构

- 而在 MIB 中的每个元素除了使用字典序进行排序之外，还拥有一个指向下一个元素的指针，这个指针在执行取下一个指令时特别有用，在其中还包括了 ASN.1 名称，和能够作于此变量的所有函数的地址以及内部变量地址。
- 在服务器启动时初始化这些变量的值。

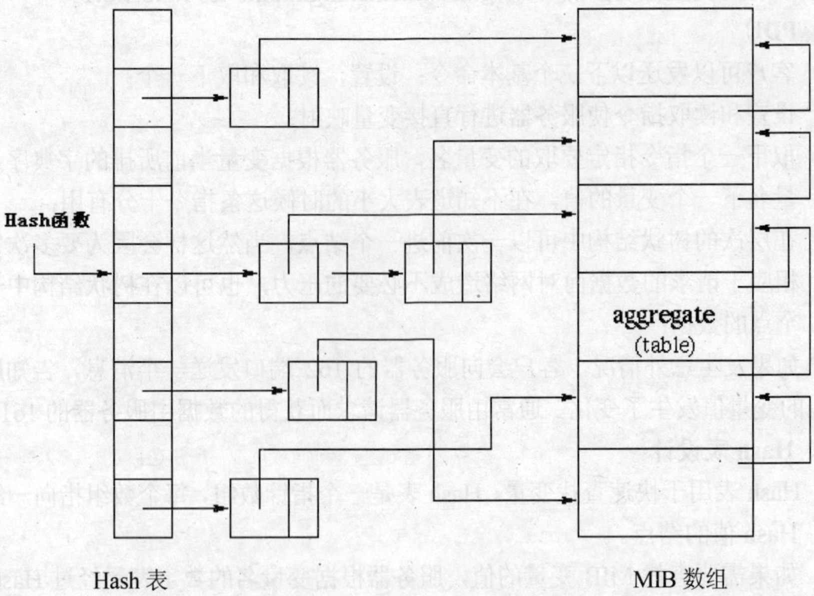

图 9-9　Hash 表与 MIB 数组的设计

9.5.2　选购网管软件的标准

在目前网络基础设施非常复杂的情况下，企业选择网络管理软件有诸多因素需要考虑，但总起来说，一般需要满足下面的一些标准。

1．以业务为中心

保持以业务为中心是全面网络管理解决方案最重要的因素。完整而理想的网络管理解决方案，应根据应用环境和网络对业务流程及用户需求的端到端关联关系，管理网络及其所有设备。除向管理员报告服务器上的流程受阻，路由器上的流量过载或网络出现瓶颈外，理想的解决方案应提供更多的功能。它首先应该能通过基于策略的网络管理主动采取行动，如重新启动停止的流程等。它还应该能向有关人员发出警报，如通过电子邮件或寻呼等。最后，同时也是最重要的是，它必须能够提供方便且强大的方法，显示将受影响的业务过程、业务部门甚至于个人。

2．为应用软件和服务提供环境

虽然厂商对服务水平还没有严格的定义，SLA（服务水平协议）已经越来越多地被当作网管产品特性。网络管理应确定服务水平在实际应用中的含义，其关键任务是保证网络及其部件能提供应用与用户完成业务流程或交易处理所需的资源。其工作不仅仅只依赖于保持 X 台服务器，通过 Y 条链路连接或运行在 Z 速度下。服务水平需求因行业的不同而不同，如联机股票交易所的任务是保证数百万小时实时处理 100%的准确性。全面网络管理解决方案必须能向网络管理员提供对其至关重要的管理方式（如前一个交易中的帧中继管理及后一个交易中交易处理服务器的接入和可用性），该解决方案还必须提供有意义的数据，衡量服务水平与企业需要之间的匹配程度，从而使之用于报告、趋势分析和容量规划。

3．可用性和性能管理

今天，网络的设备仅有“可用性”是不够的，只有为业务提供最优性能才能使之立足。可用性和设备状态，可访问性和网络拓扑、性能测量和管理都是当今网络管理的组成部分。性能测量应当融入全面网络管理解决方案并与之紧密配合这一指标，而不仅仅是做事后诸葛。

4. 端到端管理能力

老式的网络管理平台一般一次只查看网络的一部分，这种方法不足以管理当今相互联系如此紧密的网络。如今，每个步骤、过程和设备紧密联系才能完成真正的电子交易处理。只有了解和管理每个网络部件和链路（端到端）才能保证用户和业务部门及时获得所需的服务，完成相应的交易处理。

5. 可扩展性

几年前，只有《财富》列举的100家大公司才对网络的可扩展性感兴趣。随着技术成本的降低、互联计算机的增加以及电子商务的出现，可扩展性在中小机构中也变得重要起来。对全球性企业而言，这个问题就更重要、更复杂。因此，可扩展性成为用户选择网络管理解决方案的一个重要标准。

6. 性能价格比

当今的网络管理问题包括各部门需求之间的冲突。它们必须以较少的人员保证开机时间，无需增加硬件，就可以保证高性能和带宽，保证安全性，但同时还要保持系统的可访问性和简单性。需要满足企业需求的网络管理员几乎无权花很多经费购买硬件、雇用人员或进行复杂的支持培训。全面网络管理解决方案必须功能强大，效率高、成本、开发费用和硬件需求低。

7. 易用性和接口一致性

紧跟性能价格比的是对易用性和接口一致性的需求。网络管理员或其他员工花费大量时间、金钱和精力，将功能重叠且用户接口不一致的多种解决方案和工具连接在一起的时代一去不复返了。网络管理员知道解决方案供应商可能偶尔需要外部的工具，但他们没有兴趣或精力将不一致甚至相互冲突的用户界面集成在一起。完整、强大的解决方案必须简单、直观、易于使用和一致，这样才能提高开发的效率。

8. 标准支持

SNMP 等标准已经成熟，所有人都可以使用它们制作产品。真正的全面网络管理解决方案应该支持现有甚至新兴的标准，将其纳入自己的体系结构。不仅要支持 SNMP，还要支持 DHCP 和 DNS、DMI 及 CIM。这样，无论网络管理员以后选择哪种技术或设备，解决方案都能监视和管理整个网络。

9. 传统支持

虽然当今的网络更多地使用 UNIX 和 NT 服务器，但有效的网管软件必须支持传统平台。许多企业还依赖这些环境工作，如果没有这些强大的传统平台，企业将遭受巨大损失。例如，会计部门 UNIX 服务器中的关键业务流程可能必须依赖于一台大型主机运算的结果。传统支持将保证 NT、UNIX 和主机环境将在以业务为重点的一致、简单的方式下接受管理。

10. 协议独立性

Internet 的快速增长使 TCP/IP 成为当今最常用的协议，但它并不是惟一的协议，SNA 和 DECnet 等其它企业协议也能为企业提供关键任务服务。真正的企业网络管理解决方案应支持所有网络协议，应能在各种类型的硬件和操作系统上运行，而不仅仅贴近某个厂商或某种操作系统。

11．集成性

即使解决方案方案提供最“完整”的一套特性和功能，用户也可能另外需要针对特殊设备的管理器，利用第三方厂商或内部开发工具才能满足需求。网络管理解决方案必须能容易、紧密地与这些特殊设备的管理器和工具相集成。它必须能在自己网络环境下启动特殊设备的工具，并提供灵活的与这些工具交换信息的方法。这样，用户无需再为同样信息保留多个文件或数据库。

12．灵活性

各厂商和客户对“灵活性”的理解各不相同。在最低限度下，任何网络管理解决方案都必须能适应客户的特殊需求。这些“管理结构”的构造有关，如按地区、按业务部门、按平台、或按客户决定构造等。它应该能适应主要业务的突然变化。例如，假设公司并购了另一家拥有 5000 多个节点的公司，应该不用重新设计其网络管理体系结构。它也不应该需要去购买其他的节点管理授权，而是只需去管理这些新增设备。它应该能灵活地处理网络流量、事件数量和类型的突增，或者新增的网络资源。总之选择的网管软件应该是“自适应的”，这样在出现新政策后，只需少量延迟或努力就能在网络管理框架中实施。

9.5.3 SNMP 网管协议的实现

当前国际网络市场上，各厂家除了推出其网络产品外还同时推出其相应的网管产品，如 3Com Transcend、 Bay Optivity、 Cabletron Spectrum、 Cisco work、 HP Openview、 IBM Netview、 Intel LANDesk Manager、 Microsoft SMS、 Novell ManageWise/NMS 以及 SUNConnect SUNNet Manager 等。

SNMP 中规定的网络管理操作有五种，分别是：

(1) Get-Request；

(2) Get-Next-Request；

(3) Set-Request；

(4) Get-Response；

(5) Trap.

Get-Request 被 manager 用来从 agent 取回某些变量的值；Get-Next-Request 被 manager 用来从 agent 取回某变量的下一个变量的值；Set-Request 被 manager 用来设置(或改变) agent 上某变量的取值；Get-Response 是 agent 向 manager 发送的应答；Trap 被 agent 用来向 manager 报告某一异常事件的发生。

Get-Request、Get-Next-Request 和 Set-Request 这三种操作都具有原子(atomic)特性，即如果一个 SNMP 报文中包括了对多个变量的操作，agent 不是执行所有操作，就是都不执行(例如，一旦对其中某个变量的操作失败，其它的操作都不再执行，已执行过了的也要恢复)。SNMP 的报文格式为：

version community data

version 域表示 SNMP 协议的版本，在 SNMP 中它是 version-1(0)；

data 域存放实际传送的报文，报文有五种，分别对应上述五种操作。

community 域是为增加系统的安全性而引入的，它的作用相当于口令 (password)。 agent 可以要求 manager 在其发来的报文中填写这一项，以验证 manager 是否有权访问它上面的 MIB 信息。 community 的缺点是没有加密功能， 由于是明码传送的，所以很容易被监听者窃取。SNMPv2 中改进了这一点。

9.5.4 基于 Windows NT 的 SNMP 实现

在 Windows NT 下运行的 SNMP 服务实现了 SNMP 1 版，它提供一个代理程序，可以集中管理远程 SNMP:

- Windows NT Server 计算机?Windows NT Workstation 计算机
- Windows NT 的 WINS 服务器计算机
- Windows NT 的 DHCP 服务器计算机
- Windows NT 的 Internet Information Server 计算机
- LAN Manager 服务器计算机

> **注意:** 与基于 Windows NT 计算机连接的网络驱动接口规范(NDIS) 4. 0 兼容的外设也可通过使用 Windows NT 的 SNMP 服务来管理。要通过使用 SNMP 管理，设备供应商必须提供能在 Windows NT 注册表中注册的设备. inf 文件。

Windows NT 的 SNMP 代理程序是作为服务来实现的，可安装在使用 TCP/IP 和 IPX 协议的 Windows NT 计算机上。必须先安装 TCP/IP 协议，然后再安装 SNMP。

> **注意:** 即使将 IPX 作为主网络协议，也必须先安装 TCP/IP 才能安装 SNMP 服务。

通过使用 TCP/IP 与 IPX/SPX 上的 Windows Sockets，可使 SNMP 服务作为 32 位 Windows 服务实现。附加的 Microsoft MIB 针对 DHCP、WINS 以及 InternetInformation Server，将 SNMP 管理延伸至这些基于 Windows NT 的服务。实现这些 MIBs 的代理程序称为“代理扩展”，它们与 Windows NT 的主代理程序一道工作。这些 Windows NT 的代理扩展作为 32 位的 Windows NT 动态链接库(DLLs)来实现。

下图说明一台 SNMP 管理器计算机和一台装有 SNMP 代理程序的 Windows NT 计算机之间简单的相互作用。

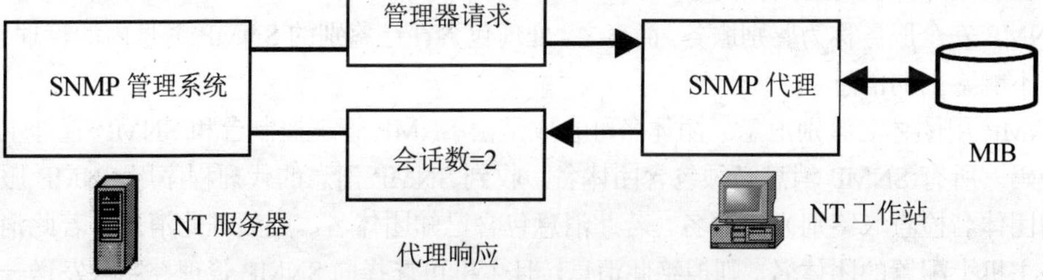

图 9-10 SNMP 管理器与 SNMP 代理的相互作用

下表说明与 SNMP 服务一起安装在 Windows NT 计算机上的文件。

表 9-3 SNMP 服务文件

文件名	说　明
Dhcpmib.dll	仅当 DHCP 服务器装在运行 Windows NT Server 的计算机上时，DHCP MIB 扩展代理 DLL 才有效
Iis.dll	仅当 Internet Information Server 安装在运行 Windows NTServer 的计算机上时，Internet Information ServerDLL 才有效
Inetmibl.dll	MIB-Ⅱ扩展代理 DLL
Lmmib2.dll	LAN Manager 扩展代理 DLL
Mgntapi.dll	Windows NT 的 SNMP 管理器 API，监听管理请求，并向 SNMP 代理程序发送请求或接收其响应
Mib.bin	随 SNMP 服务一道安装，由管理 API 即 Mgmtapi.dll 使用，将基于文本的对象名映射成数字 OIDs
Snmp.exe	SNMP 代理服务，即主代理程序，它接受管理程序的请求，并转发给适当的子代理扩展 DLL 去处理
Snmptrap.exe	从 SNMP 代理接收 SNMP 的捕获信息，并转发给管理控制台的 SNMP 管理 API。仅当 SNMP 管理 API 收到捕获信息的管理请求时，Snmptrap.exe 才启动，进行后台处理
Winsmib.dll	WINS MIB 扩展代理 DLL，仅当 WINS 服务器安装在运行 Windows NT Server 的计算机上时有效

基于 Windows NT 的 SNMP 服务以 RFC 1213 为基础，包括 MIB-Ⅱ、LAN ManagerMIB-Ⅱ，以及 Microsoft 公司专门用于 DHCP 的 MIBs、Internet Information Server 和 WINS 服务器。附录 C 包含基于 Windows NT 的 MIBs 信息，并对每个 MIB 中的对象加以说明。

通过一个代理应用程序接口(API)，Windows NT 的 SNMP 服务支持多 MIBs。可使用单独的扩展代理 DLL 访问基于 Windows NT 的 MIBs。启动 SNMP 服务后便装入 SNMP 的扩展代理 DLLs。必须在注册表中定义扩展代理 DLLs 才能装载它。在 SNMP 服务体系结构中，DLLs 的这种用法便于加入新的 MIBs。Microsoft 公司和第三方可为新的软硬件开发 MIBs，并可以很容易地使用 SNMP 来集成新功能。

由 IETF 分配给 Microsoft 公司的 MIB 名称空间从标记为 1.3.6.1.4.1.311 的站点开始。Microsoft 公司有权为此节点下开发的所用对象指定实体和 OIDs。下表指出了基于 Windows NT 的 MIBs 和顶层对象（基础对象），所有其他对象均由它们派生。启动 SNMP 服务时，每一个扩展代理发送其 MIB 内基础对象的 OID 给主代理程序，此过程为主代理程序标识 MIBs 与实际安装在计算机内的监控对象。

SNMP 安全服务称为鉴别服务。简言之，处理包含在已鉴别的 SNMP 消息内的管理请求；不处理不能鉴别的消息。

SNMP 用团体名鉴别消息。团体名可看成是由 SNMP 管理控制台和 SNMP 管理主机共享的密码。所有 SNMP 消息必须包含团体名。收到 SNMP 消息的代理程序用 SNMP 服务所配置的团体名检查（鉴别）团体名。若此消息包含已知团体名，则处理此消息。若此消息包含未在主机上配置的团体名，则拒绝此消息，且主机可选择向 SNMP 管理控制台发送一条捕获消息，警告 SNMP 管理控制台，该主机的消息鉴别失败。

表 9-4 基础对象标识符

MIB 名	基础对象名	基础对象标识符	说明
Internet MIB-Ⅱ	iso.org.dod.internetmgmt.mib-2	1.3.6.1.2.1	为配置或错误分析定义必要的对象。在 RFC1213 中定义 Internet MIB-Ⅱ
LAN Manager MIB-Ⅱ	iso.org.dod.internet private.enterprise lanmanager	1.3.6.1.4.1.77	定义对象，它们包含诸如统计、共享、会话、用户和登录信息等
Microsoft DHCP 服务器 MIB	iso.org.dod.internet,privateate.enterprise.microsoft.software.dhcp	1.3.6.1.4.1.311 1.3	包含 DHCP 服务器的统计和 DHCP 的作用域信息
Microsoft Internet Information Server MIB	iso.org.dod.internet. private.enterprise microsoft.software.iis	1.3.6.1.4.1.311 1.7	从 Internet Information Server 基础对象派生的 FTP、Gopher 以及 HTTP 服务器 MIBs
Microsoft WINS 服务器 MIB	iso.org.dod.internet private.enterprise.microsoft.soft.software.wins	1.3.6.1.4.1.311 1.2	包含有关 WINS 服务器的信息，包括统计、数据库信息和发送、接收数据

在 Windows NT 计算机上安装 SNMP 服务时，默认团体名是“Public”。通过从“Network Services”选项卡中选取 SNMP Service 可增删另外的团体名。

若删除所有的团体名，包括默认的“Public”，基于 Windows NT 计算机的 SNMP 服务将鉴别并处理包含任意团体名的 SNMP 消息。这可以是我们所期望的，也可以不是，但在 RFC 1157 中描述的预期行为除外：

SNMP 消息由 SNMP 应用程序实体发出，这个实体实际上属于此团体组件命名的 SNMP 团体，所发的消息为一条鉴别 SNMP 消息。用以确定特定 SNMP 团体的鉴别 SNMP 消息的一组规则，称为鉴别方案。根据一种或多种鉴别模式来确定鉴别 SNMP 消息的功能实现，称为鉴别服务。

无疑，有效管理 SNMP 应用实体间的关系，需要能以高可信度确认鉴别 SNMP 消息的鉴别服务（使用加密或其他技术）。某些 SNMP 实现也许只愿支持一般的鉴别服务，将所有 SNMP 消息都确认为鉴别 SNMP 消息。

没有确认的团体名时，SNMP 服务根据前面由 RFC 1157 选择描述的方式来处理。